和谐型机车应急故障处理系列丛书

HXN5 型内燃机车

铁道部运输局机务部　组织编写

中国铁道出版社有限公司

2021年·北 京

内 容 简 介

本书主要涵盖了 HXN5 型内燃机车司乘人员应掌握的机车应急故障处理基本知识及应急处理方法。本书采用图文对照形式，便于司乘人员迅速查找故障，并指导司乘人员实施准确无误的操作。

本书既是指导司乘人员日常工作的工具书，又可作为培训、考核和日常学习的规范教材。

图书在版编目(CIP)数据

HXN5 型内燃机车/铁道部运输局机务部组织编写. —北京：中国铁道出版社，2012.4
(2021.10 重印)
(和谐型机车应急故障处理系列丛书)
ISBN 978-7-113-14371-8

Ⅰ.①H… Ⅱ.①铁… Ⅲ.①内燃机车-故障修复
Ⅳ.①U269.5

中国版本图书馆 CIP 数据核字(2012)第 047816 号

书　　名：**HXN5 型内燃机车**
作　　者：铁道部运输局机务部
责任编辑：孙　楠　**编辑部电话**：(010)51873421　**电子信箱**：tdpress@126.com
编辑助理：侯跃文
封面设计：冯龙彬
责任校对：王　杰
责任印制：高春晓
出版发行：中国铁道出版社有限公司(100054，北京市西城区右安门西街 8 号)
网　　址：http://www.tdpress.com
印　　刷：三河市兴达印务有限公司
版　　次：2012 年 4 月第 1 版　　2021 年 10 月第 5 次印刷
开　　本：787 mm×1 092 mm　1/32　印张：2.75　插页：1　字数：59 千
书　　号：ISBN 978-7-113-14371-8
定　　价：20.00 元

前　言

自2006年第一台和谐型大功率交流传动机车投用以来，至2012年7月底，全路已有5 455台和谐型机车投入应用，其中和谐型电力机车4 261台、和谐型内燃机车834台。目前，和谐型机车运用范围覆盖我国主要铁路干线，遍及18个铁路局、52个机务段，成为承担繁忙干线货运和客运牵引任务的新一代主型机车。和谐型机车采用交流异步牵引电机、大功率IGBT牵引变流器、计算机网络控制系统、重载车体、转向架及轮轴驱动系统、计算机控制的制动系统以及故障在线实时诊断等诸多高新技术，牵引性能优越，操作功能齐全，技术上达到国际先进水平。大批量和谐型机车投入运用，对机车司乘人员的素质和业务能力提出了全新要求，特别是广大机车司乘人员要了解和掌握机车运行中常见故障处理的知识和技能的需求也随着机车大面积投用而显得十分迫切。

为了安全、可靠、高效地使用和谐型机车，稳定和谐型机车运用和质量，提高司乘人员应急故障处理能力，铁道部运输局机务部成立了《和谐型机车应急故障处理系列丛书》编写委员会，申瑞源同志为主任，张大勇、何福汉、狄威、戴伟跃、靳少华为副主任，王立杰同志为主编，张启安、郭学俊、曹红义、周大林、王强、刘朝辉、黄成荣、张黎、林晖、李群锋、冯振兴、杜志辉、赵恩江、王磊、张红斌、郭树祥、容长生、淡红升、杨帆等同志为主审。在《和谐型机车应急故障处理系列丛书》编写委员会的具体组织下，各和谐型机车制造工厂、运用铁路局和机务段有关专家和工程技术人员开展《和谐型机车应急故障处理系列丛书》编写工作。由王轶峰、孙宏波、雷印东、李爱民、张海波、霍涛、刘力强、高伟峰、黄文、郑志刚、黄涛、徐显峰、刘帆等同志组成的和谐型机车现场运用技术专家组，具体从事系列丛书的编写工作。专家组多次赴机车生产、制造和运用、维修现场进行调研、实践，摸索规律、总结经验，力争采用贴近现场需求的语言和形式，精心完成了系列丛书的编撰工作。

《和谐型机车应急故障处理系列丛书》根据我国使用和谐型机车的实际情况，按电力 HXD1、HXD2、HXD3 系列及内燃 HXN3、HXN5 系列进行组织编写。本系列丛书是按照出版发行的先后进行排序的。系列丛书内容涵盖了和谐型机车司乘人员应掌握的机车故障处理基本知识及应急处理方法，力求使司乘人员既了解故障发生的原因和影响范围，又可实施准确、无误的操作处理；既保证机车人员设备安全，又可将故障对运输秩序的影响限制在最小范围。本系列丛书内容简明扼要，通俗易懂，按和谐系列机车各车型编写，既体现丛书的系统性和规范性，又注重教材的针对性和实用性，不仅是指导司乘人员工作的工具书，又可作为培训、考核、日常学习的规范教材，是实践性较强的技术系列丛书。

本册《HXN5型内燃机车》是《和谐型机车应急故障处理系列丛书》之五，是具体针对HXN5型内燃机车的常见故障，并经过多次赴现场调研和实践总结编写而成的“常见故障”应急处理丛书。随着和谐型机车运营经验的积累，将不断地对本丛书进行补充和完善，以保证丛书的完整性、准确性和实用性，故在此恳请广大应用人员提出宝贵意见。同时，对戚墅堰机车有限公司、南车成都机车车辆有限公司，哈尔滨、北京、乌鲁木齐铁路局，哈尔滨、丰台、怀柔北、库尔勒机务段等单位，为本系列丛书的编写工作给予的大力支持表示衷心的感谢。

铁道部运输局机务部

二〇一二年七月

目　录

第一部分　基本操作说明

第二部分　应急故障处理方法

第三部分　附 件 部 分

第一部分　基本操作说明

1　安全注意事项

1.1　安全标识

为了确保人员安全，避免事故和对机车及某些部件造成损坏，必须正确地遵守这些指令。

标识符号	含　义
危险	该图标指出所有的这类安全指令：如果不遵守这些指令，将会存在伤害和死亡的危险。在这种情况下，必须严格地遵守这些重要的工作安全指令并特别小心地执行
警告	该图标指出所有的必须遵守的这类安全指令：如果不遵守这些指令，可能导致部件和机车的损坏或故障
注意	该图标给出提示和其他特别有用的信息：为了部件和机车可靠运行，应遵守所有这类注意事项

1.2　人身安全注意事项

(1)在高压柜或电气室设备上作业时，必须先打开高压柜、电气室任一侧的主门并等待8个电容充电指示灯(CCL)熄灭后方可进行。

(2)如果显示屏电源指示灯显示绿色，出现黑屏、扰频或死机，显示屏控制仍可能有效，禁止随意按显示屏按键，否则可能导致人员受伤或设备损坏。

(3)当电阻制动手柄不在断开位置或者挡位手柄不在惰转位，但换向器手柄可以取出，则表示手柄间的互锁故障。故障修复之前，不得操作机车，否则可能会导致设备损坏或严重的人身伤害。

(4)实施停放制动时，指示灯亮并不能保证停放制动可靠实施，司机必须确认机车处于制动状态。

(5)对无火回送机车必须进行正确设置。停放制动必须手动缓解，缓解前要对机车实施防溜措施。

(6)必须确认停放制动缓解后，方可移动机车。

(7)转入备用空气制动前，必须对机车实施防溜措施，否则可能导致备用空气制动切入时列车管意外充风，引起机车溜逸。

(8)机车运行中禁止进入外走廊。

(9)机车各安全链(杆)必须处于防护状态。

1.3 应急故障处理注意事项

(1)在处理机车故障前，应保证人身、设备和行车安全。

(2)机车发生故障时，应避免堵塞区间；短时间内处理无效时，立即请求救援。

(3)机车发生故障后，乘务员在汇报时应准确提供故障时间、故障代码及故障描述。

(4)熟悉机车设备布置，熟练运用各种复位、切除方法。

(5)机车发生故障时，必须将牵引/制动主手柄及换向手柄回“0”位。

2 显示屏基本操作

HXN5 型内燃机车司机室需置图如图 1 所示。

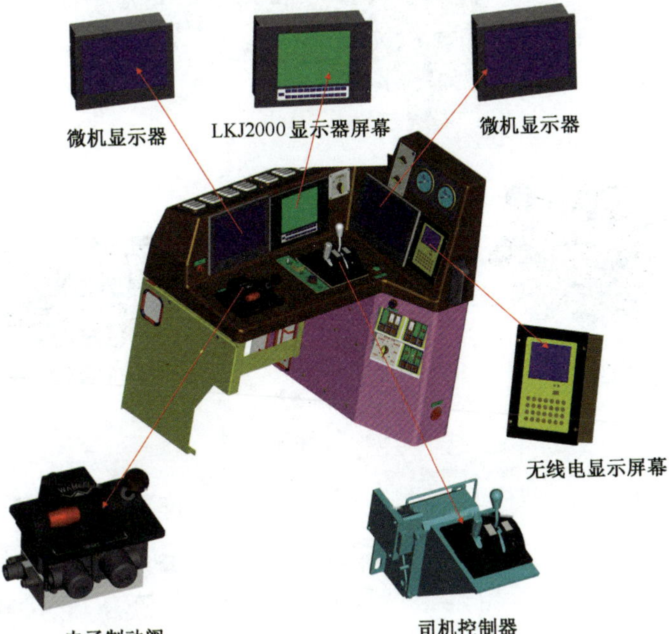

(a) 主操纵端

图 1

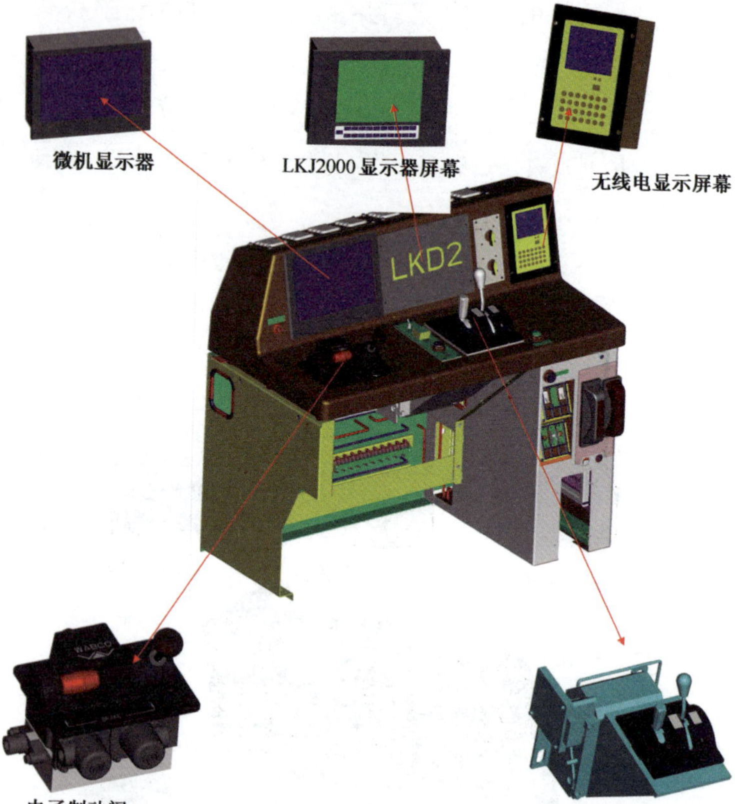

(b) 副操纵端

图 1(续)

HXN5 型机车智能显示器(以下简称显示屏)位于操纵台上,其中主操纵台两块、副操纵台一块,它是机车的微机控制单元,也是整个控制系统的处理核心,它接收机车操作者的指令并读取机车的运行状态数据,通过 ARCNet 通信网络控制机车上所有其他功能模块的运行，从而达到对机车控制和保护，显示屏设备功能如图 2 所示。

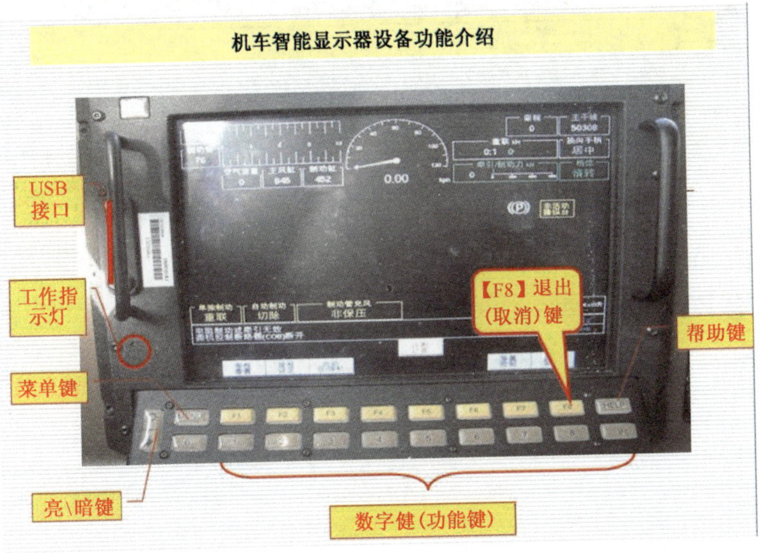

图 2

显示屏左侧设有 USB 接口，用于对机车数据的下载与软件的更新。左下方设有工作指示灯，显示屏正常上电后亮“绿”灯。键盘带有一个摇臂式开关和 20 个按键(分两排，每排 10 个)。进行功能选项时第 1 排按键对应显示屏第 1 排选项，第 2 排按键对应显示屏第 2 排选项，如选项“开关”功能时就按压【F7】键，选择“屏幕控制”功能时就按压【7】键，如图 3 所示。

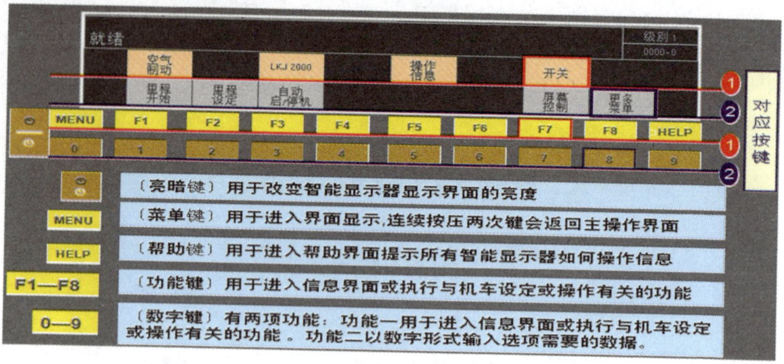

图 3

2.1 信息查询

显示屏信息界面层次如图 4 所示。

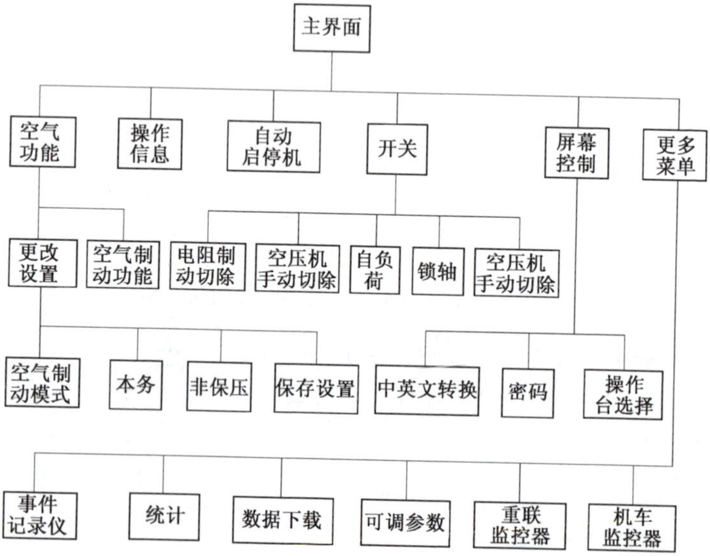

图 4

(1)屏幕主界面(图 5)

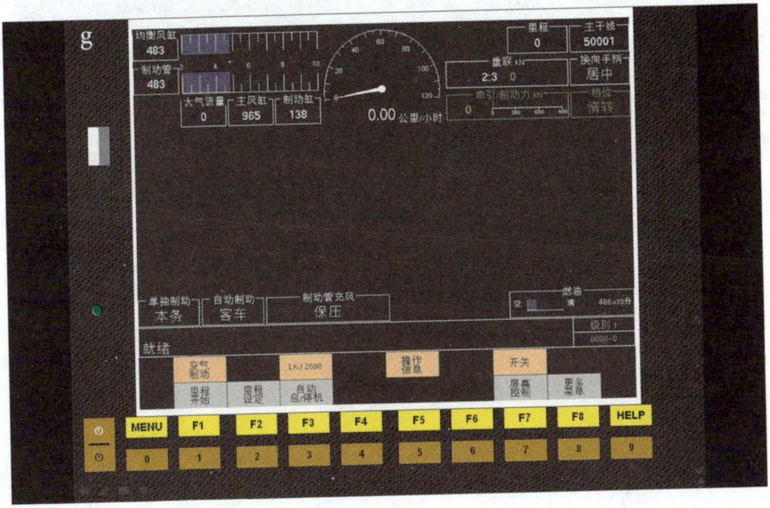

图 5

屏幕主界面左上方显示空气制动系统参数，包括均衡风缸、制动管压力、大气流量、主风缸及制动缸压力；中部显示机车实际运行速度，右上方显示机车号、运行里程、牵引力及机车工况等。

主界面左下方显示制动机设置状态、信息提示栏（提示机车各种工况下的异常或注意事项）；右下方显示燃油存储量、显示屏界面所处于的密码等级。

主界面最下方分布 20 个功能按键，按压相应的按键可以进入下一级子菜单。

信息显示说明（图 6）：

①主风缸压力：正常工作范围 750～900 kPa，当风压低于 700 kPa 时信息框变红。

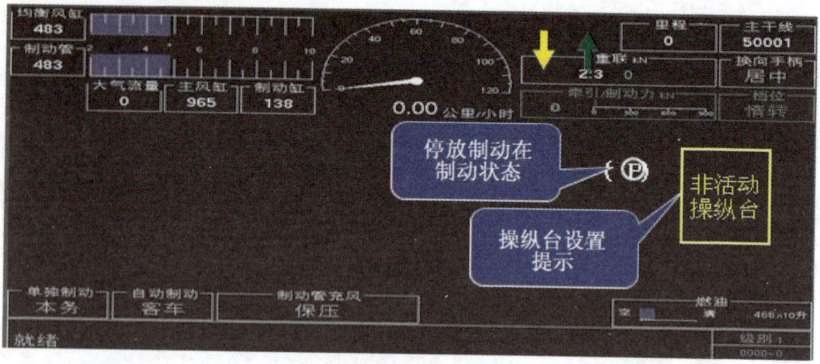

图 6

②制动缸压力：正常工作范围 0～300 kPa，当机车速度>16.9 km/h 且压力>20.7 kPa 信息框闪烁黄色。

③重联显示：从左至右，首位数字表示有动力机车台数；次位数字表示接重联线台数；第 3 位数字表示总牵引力或制动力，显示负号时为制动力。

④速度显示：黄色向下键头表示机车减速，绿色向上键头表示机车加速。

⑤油位显示：显示机车燃油油位，单位为升。

⑥非活动操纵台显示：表示本操纵台为非操纵控制台，此台显示屏只能进行信息查询，不能进行功能设置。

⑦停放制动显示：显示Ⓟ时表示停放制动在制动状态，停放制动缓解状态时该图标不显示。

⑧挡位显示：显示机车主手柄所处位置，“惰转”为非加载运行状态，保持柴油机最低转速。牵引、制动工况时显示挡位数字信息。

⑨换向手柄显示：显示“前进”、“后进”、“居中”三种

状态。

(2)空气功能界面(图 7)

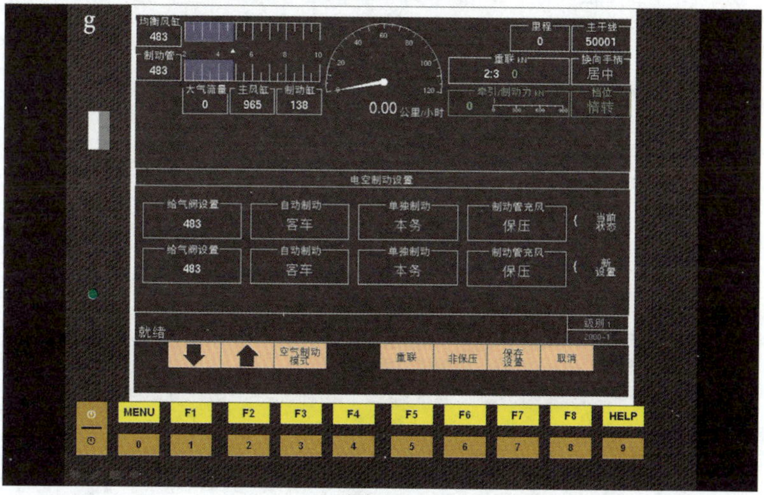

图 7

空气功能界面是用来设置制动机状态,可以通过调整给气阀压力、重联本务转换、保压非保压转换,实现机车(重联)货运(客运)牵引运行时的电空制动机状态。

"自动制动"设置栏设置"客车"、"货车"、"切除"三项,设置"客车"时表示本机车自动制动阀控制列车,在制动区回移时制动管能阶段缓解;设置"货车"时表示自动制动阀不具备阶段缓解作用;设置"切除"时表示将本机车的自动制动阀切除,使其失去对列车的制动与缓解控制。

"单独制动"设置栏设置"本务"、"重联"两项;设置"本务"时表示单独制动阀控制本机车的制动与缓解,设置“重联”时表示将本机车的单独制动阀切除，失去对本机车的制动与缓解控制。

“制动管充风”设置栏设置“保压”、“非保压”两项，设置“保压”时表示自动制动阀常用制动后，制动管风压漏泄时能自动补风；设置“非保压”时表示常用制动后，制动管风压漏泄时不能补风。

(3)开关界面(图 8)

开关界面是用来实现电阻制动、锁轴功能切入与切除，空压机强制手动打风，自负荷试验，电机切除功能等。

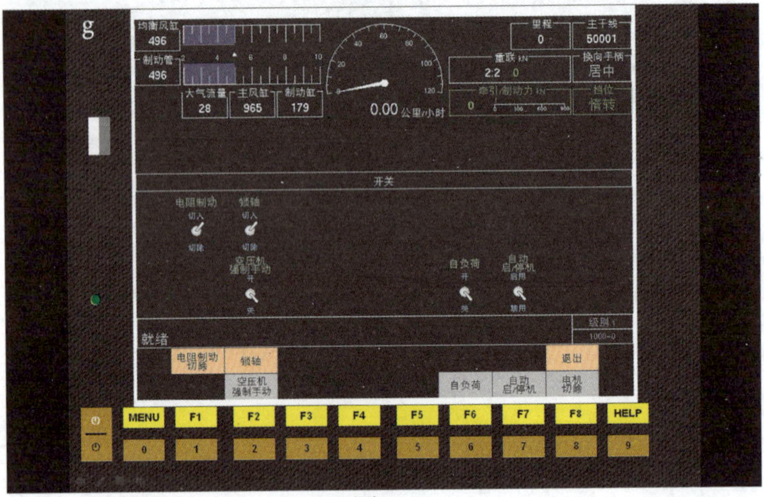

图 8

(4)屏幕控制界面(图 9)

屏幕控制界面是用来实现界面中/英文显示，操纵台转换条件的确认，并可以通过输入密码进入控制系统二级或三级显示界面。

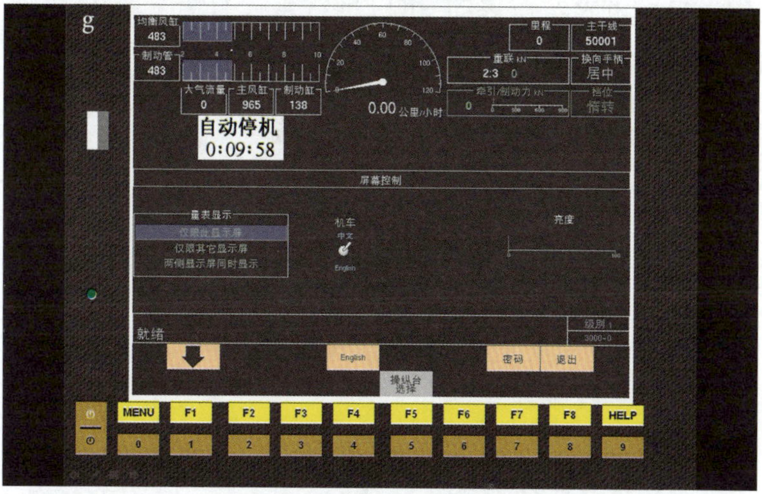

图 9

(5)更多菜单界面(图 10)

图 10

通过更多菜单界面，可以进行事件日志的下载，2 轴轮径、重联机车确认，机车负荷情况统计等。

2.2 显示屏设置本务机车操作方法

作为本务机车担当牵引任务时，司机通过显示屏对机车操纵状态进行设置，机车状态的设置为：[单独制动/本务]、[自动制动/货车]、[制动管充风/非保压]。

(1)在显示屏主界面，按压【F1】键进入[空气制动]选项，如图 11 所示。

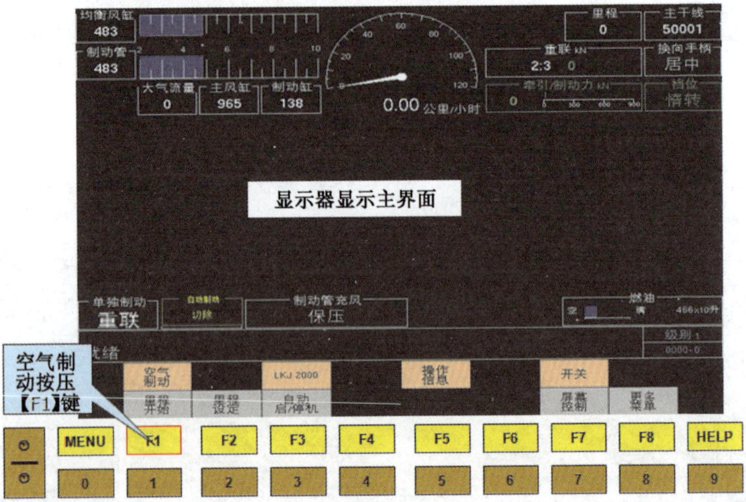

图 11

(2)[更改设置]选项出现后，按压【F3】键进入下一级菜单，如图 12 所示。

(3)[上、下箭头]选项出现后，按压【F1】或【F2】键进

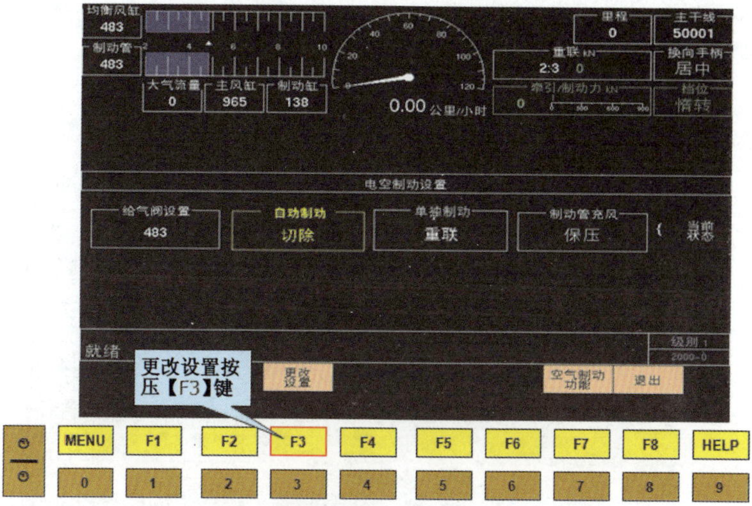

图　12

行设置符合本区段的制动管压力，如图 13 所示。

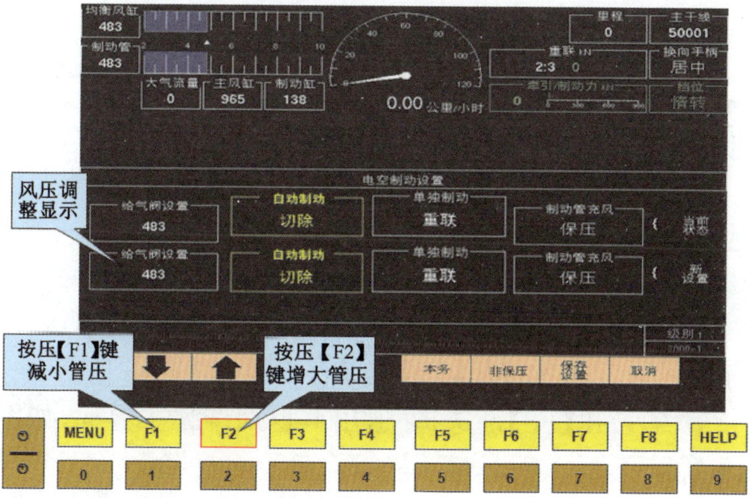

图　13

(4)按压【F5】键设置[单独制动]选项，选择“本务”状态，如图 14 所示。

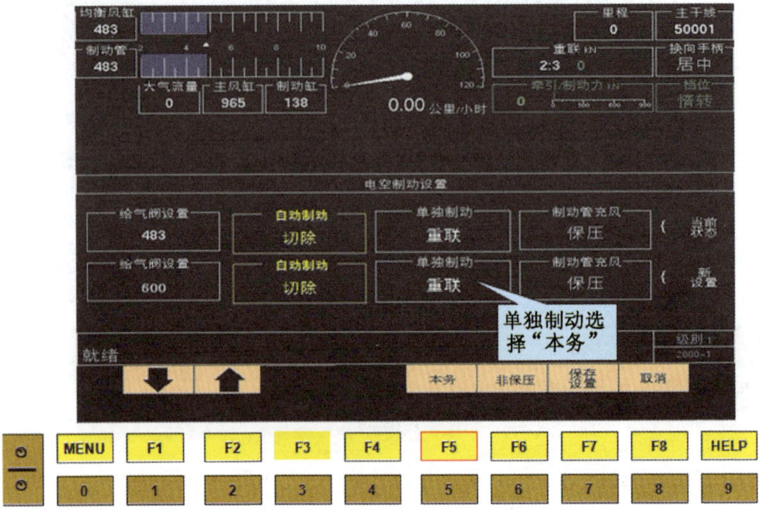

图 14

(5)按压【F3】键设置 [自动制动]选项，选择“货车”状态，如图 15 所示。

(6)按压【F6】键设置[制动管充风]选项，选择“非保压”状态，如图 16 所示。

(7)按压【F7】键保存设置，如图 17 所示。

(8)按压[保存设置]项后信息提示栏显示“确认/保存新设置?”再次按压【F7】键保存设置，如图 18 所示。

(9)按压【F8】键选择[退出]，返回屏幕主界面，如图 19 所示。

(10)返回屏幕主界面后，确认[单独制动]设置为“本

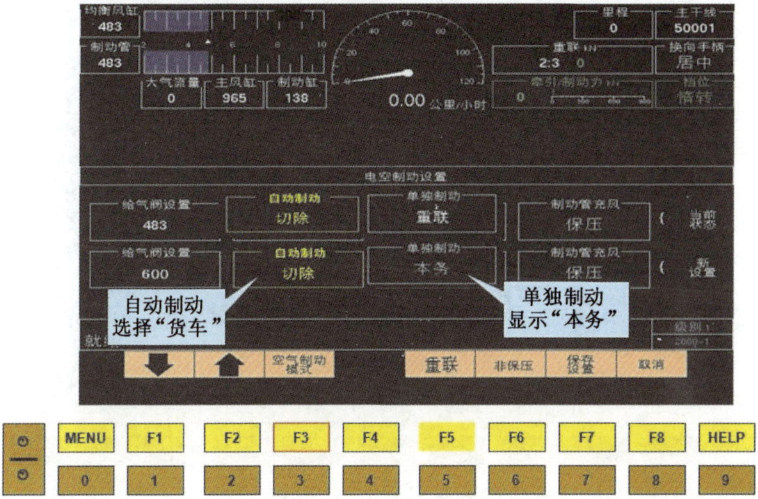

图　15

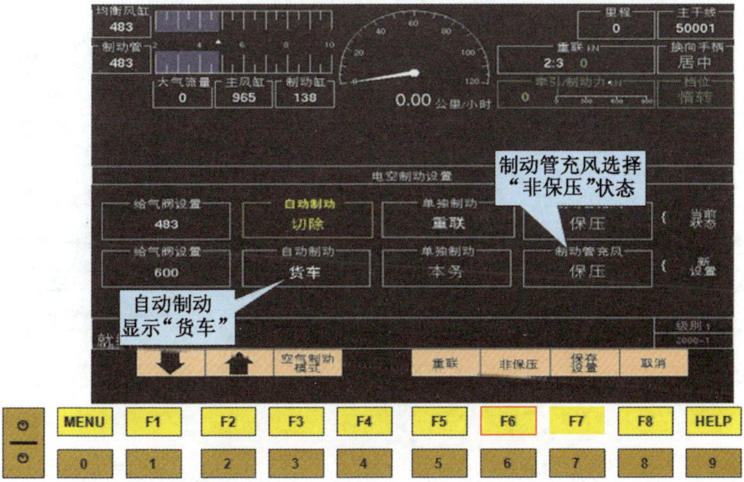

图　16

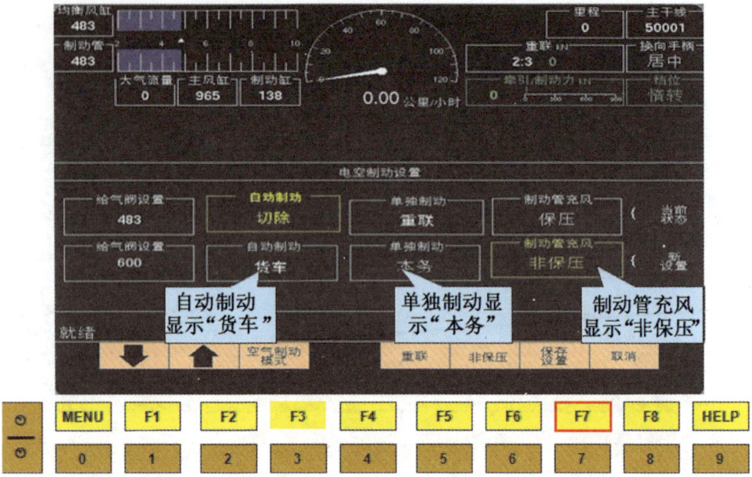

图 17

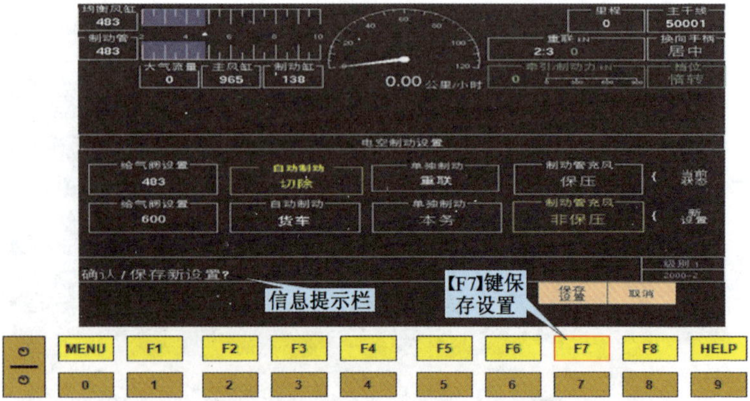

图 18

务”、[自动制动]设置为“货车”、[制动管充风]设置为“非保压”状态，如图 20 所示。

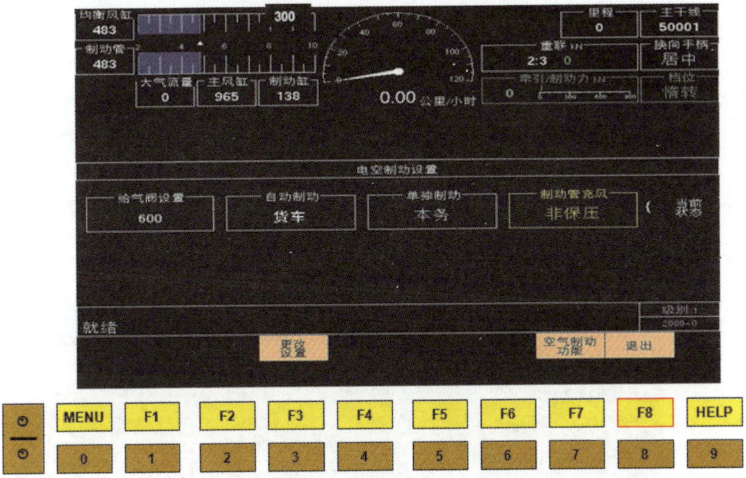

图 19

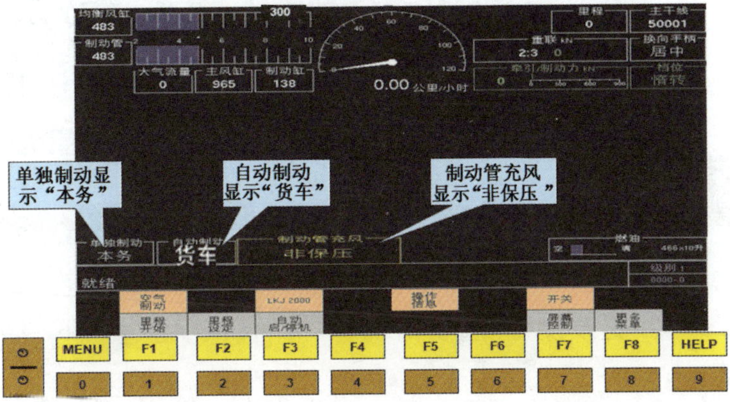

图 20

2.3 显示屏设置重联机车操作方法

(1)显示屏重联机车设置操作(接重联线)

作为重联机车(接重联线)担当牵引任务时,司机通过显示屏对机车操纵状态进行设置,重联机车状态设置为:[单独制动/重联]、[自动制动/切除]、[制动管充风/非保压]。

①在显示屏主界面,按压【F1】键进入[空气制动]界面,如图 21 所示。

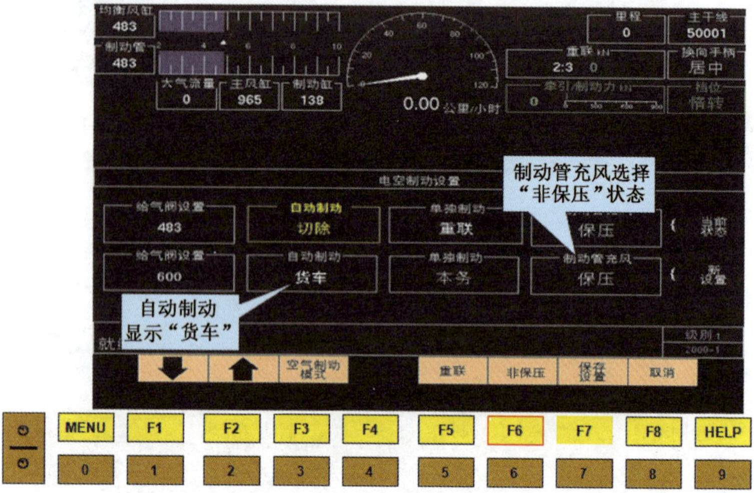

图 21

②[更改设置]选项出现后,按压【F3】键进入下一级菜单,如图 22 所示。

③[上、下箭头]选项出现后,按压【F1】或【F2】键进行设置符合本区段的制动管压力,如图 23 所示。

④按压【F5】键设置[单独制动]选项,选择“重联”设置,[自动制动]默认“切除”,如图 24 所示。

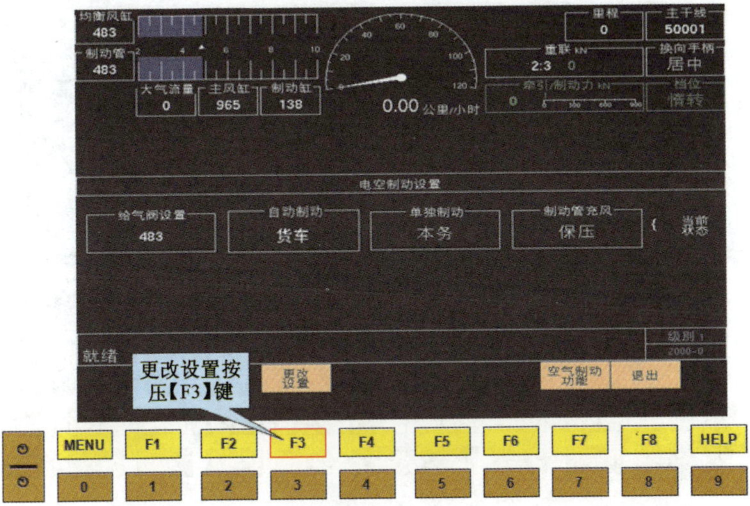

均衡风缸
483
制动管
483
大气流量
0
主风缸
965
制动缸
138
0.00 公里/小时
里程
0
主干线
50001
重联 kN
2:3 0
换向手柄
居中
0
档位
惰转
电空制动设置
给气阀设置
483
自动制动
货车
单独制动
本务
制动管充风
保压
当前状态
就绪
级别 1
2000-0
更改设置按压【F3】键
更改设置
空气制动功能
退出
MENU
F1
F2
F3
F4
F5
F6
F7
F8
HELP

图 22

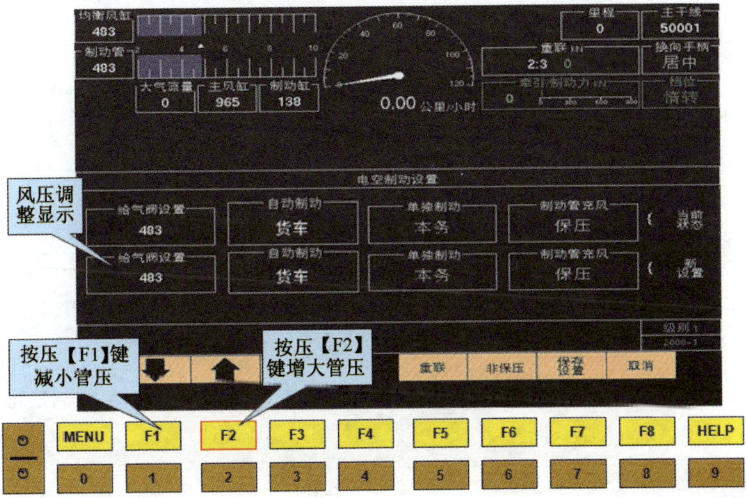

均衡风缸
483
制动管
483
大气流量
0
主风缸
965
制动缸
138
0.00 公里/小时
里程
0
主干线
50001
重联 kN
2:3 0
换向手柄
居中
0
档位
惰转
电空制动设置
风压调整显示
给气阀设置
483
自动制动
货车
单独制动
本务
制动管充风
保压
当前状态
给气阀设置
483
自动制动
货车
单独制动
本务
制动管充风
保压
新设置
级别 1
2000-1
按压【F1】键减小管压
按压【F2】键增大管压
重联
非保压
保存设置
取消
MENU
F1
F2
F3
F4
F5
F6
F7
F8
HELP

图 23

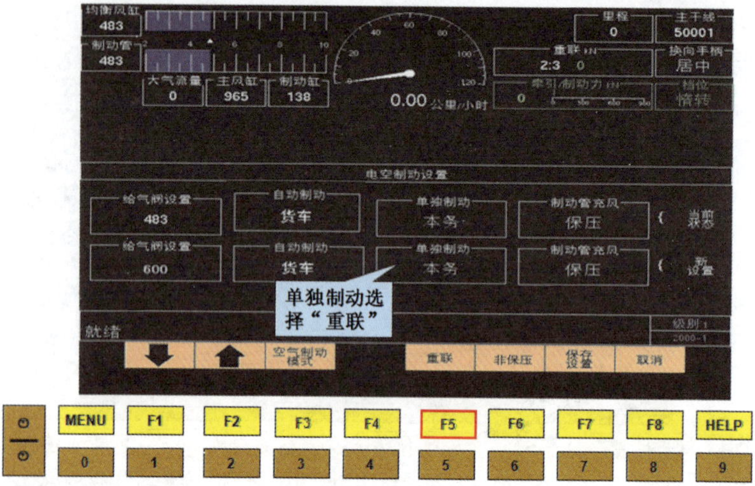

图 24

⑤按压【F6】键设置[制动管充风]选项，选择“非保压”状态，如图 25 所示。

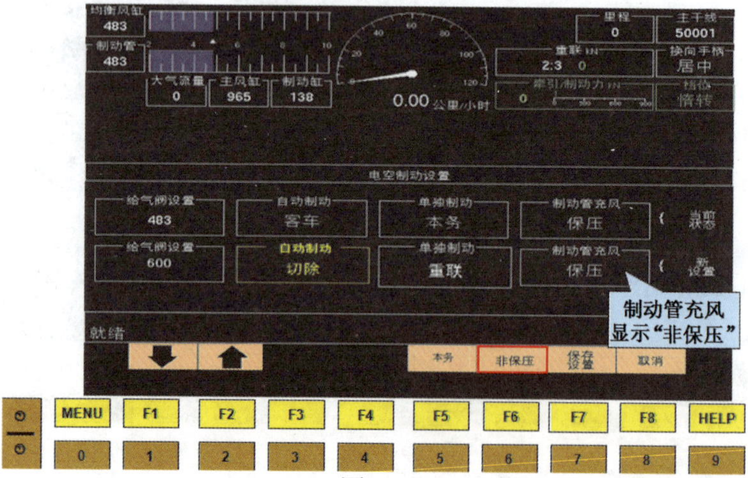

图 25

⑥按压【F7】键保存设置，如图 26 所示。

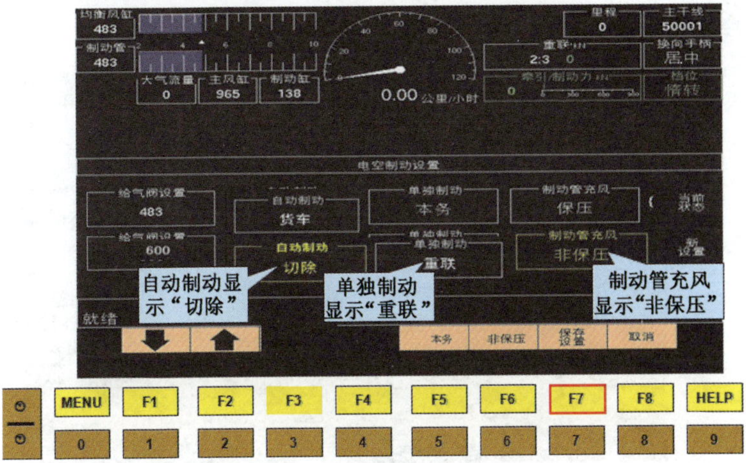

图 26

⑦按压[保存设置]项后信息提示栏显示“确认/保存新设置?”再次按压【F7】键保存设置，如图 27 所示。

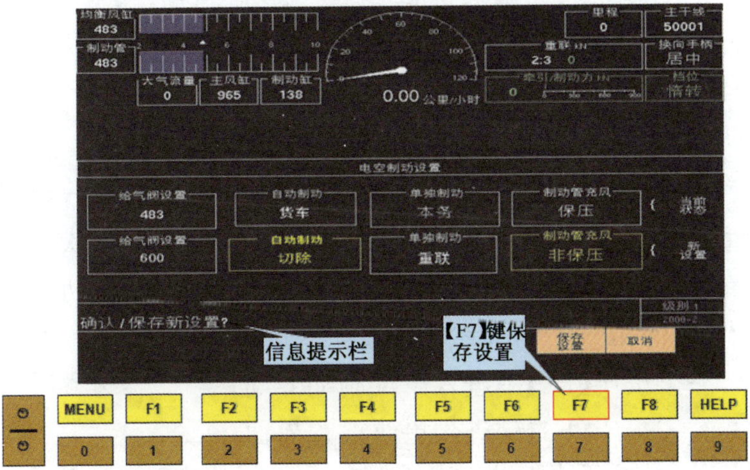

图 27

⑧按压【F8】键选择[退出]，返回屏幕主界面，如图28所示。

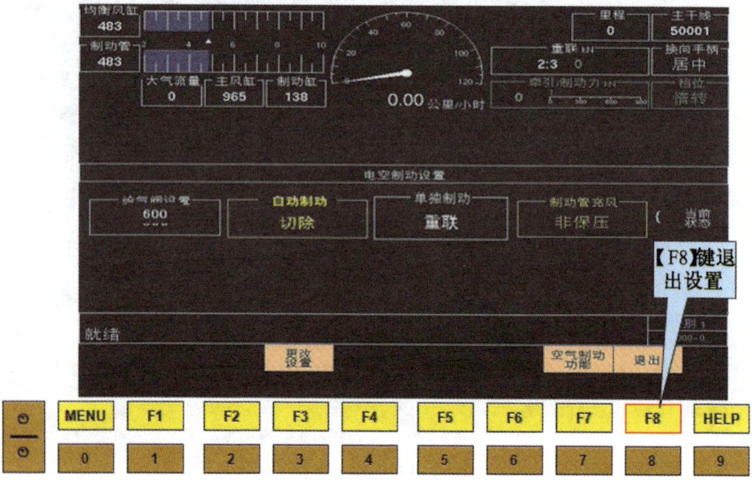

图 28

⑨返回屏幕主界面后，确认[单独制动]设置为“重联”、[自动制动]设置为“切除”、[制动管充风]设置为“非保压”状态，如图29所示。

(2)显示屏设置重联机车操作(不接重联线)

作为重联机车(不接重联线)担当牵引任务时，司机通过显示屏对机车操纵状态进行设置，重联机车状态设置为：[单独制动/本务]、[自动制动/切除]、[制动管充风/非保压]，图解可参考接重联线设置方法。

①按压【F1】键进入空气制动界面；

②按压【F3】键进入更改设置界面；

③按压【↑】或【↓】键调整设置制动管风压；

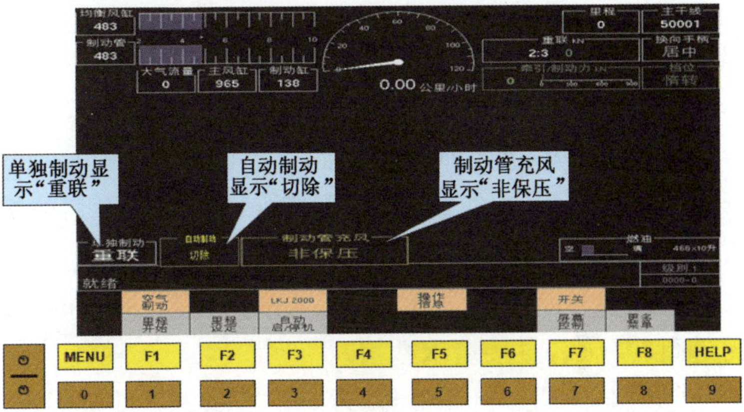

图　29

④按压【F3】键选择〔自动制动〕调整为“货车”，按压【F5】键选择〔单独制动〕调整为“本务”，按压【F6】键选择〔制动管充风〕设置“非保压”；

⑤按压两次【F7】键保存设置；

⑥按压【F8】键返回主操作界面。

3　机车故障复位方法

3.1　机车复位分类

当机车发生故障时可选择以下两种方法进行机车故障复位。

(1) 不停机复位：不停止柴油机，仅切断控制系统电源，重新启动系统“复位”；

(2) 停机复位：停止柴油机并切断控制系统电源，重新启动系统“复位”。

3.2 复位方法及注意事项

(1)注意事项

①断开柴油机控制面板(ECP)上的“蓄电池充电及计算机断路器”(BCCB)后,必须等待显示屏左下角的绿灯熄灭,保证三个显示屏完全关闭。

②信息提示栏内显示“请勿尝试启动柴油机”时,无需进行“复位”,直接请求救援。

③机车使用“复位”处理方法时,涉及到柴油机温度、压力、转速故障时采用“停机复位”。其余情况优先选择“不停机复位”,无效时使用“停机复位”。

(2)不停机复位

名称	不停机复位
步骤	处 理 过 程
1	主手柄回“惰转位”,同时实施常用制动停车

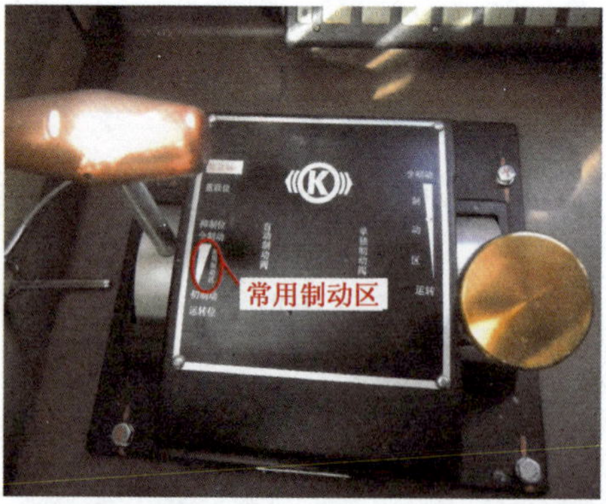

步骤	处理过程
2	断开柴油机控制面板(ECP)上的“蓄电池充电及计算机断路器”(BCCB),等待三个显示屏完全关闭(左下角的绿灯熄灭)

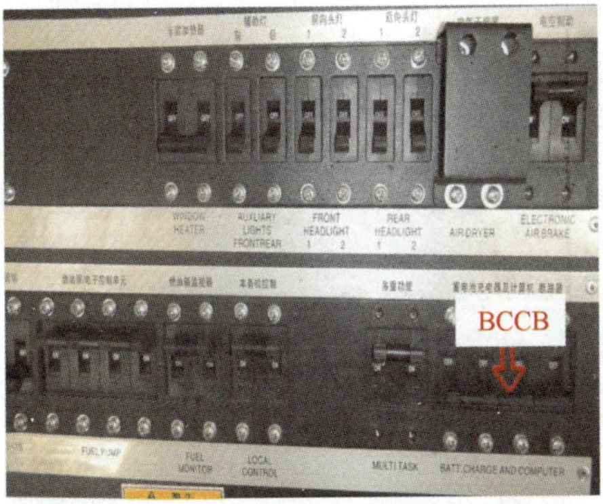

步骤	处理过程
3	断开柴油机控制面板上的“多重功能断路器”(MTB)、“机车控制断路器”(LCCB)、“电空制动断路器”(ABCB)

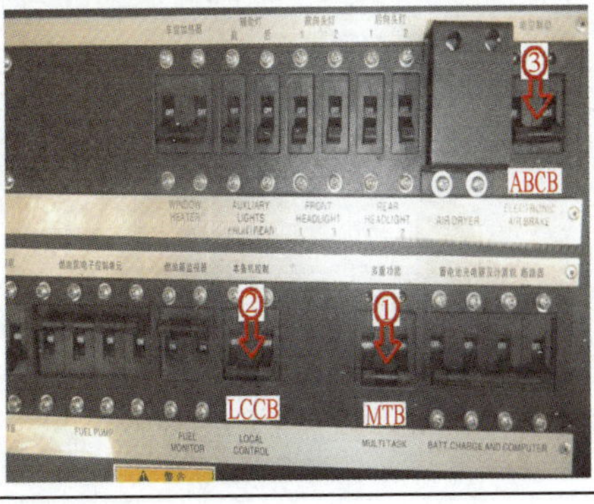

步骤	处 理 过 程
4	等待 1 min(系统放电及冷却)
5	先闭合“多重功能断路器”(MTB),然后依次闭合“机车控制断路器”(LCCB)、“蓄电池充电及计算机断路器”(BCCB),待三个显示屏正常启动后,闭合“电空制动断路器”(ABCB)

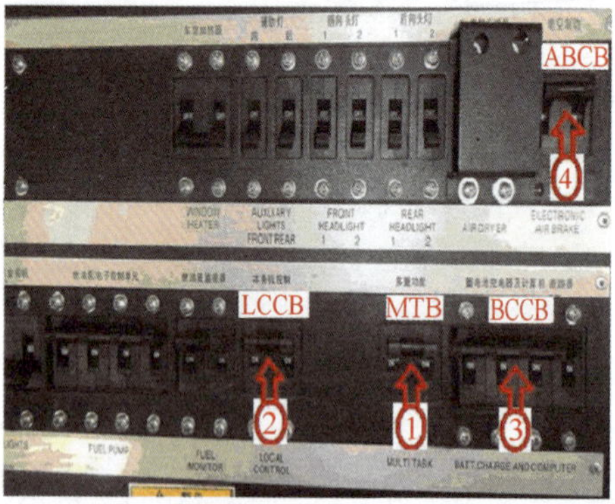

步骤	处 理 过 程
6	观察显示屏“信息提示栏”无故障信息,完成机车“复位”

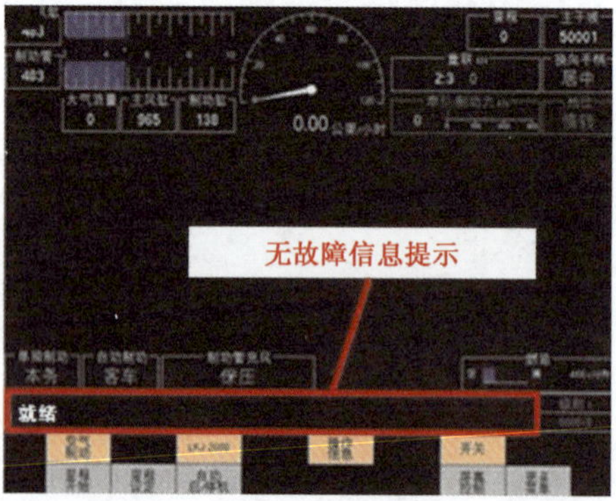

(3)停机复位

<table>
<tr><td>名称</td><td>停 机 复 位</td></tr>
<tr><td>步骤</td><td>处 理 过 程</td></tr>
<tr><td>1</td><td>主手柄回“惰转位”,同时实施常用制动停车</td></tr>
<tr><td colspan="2">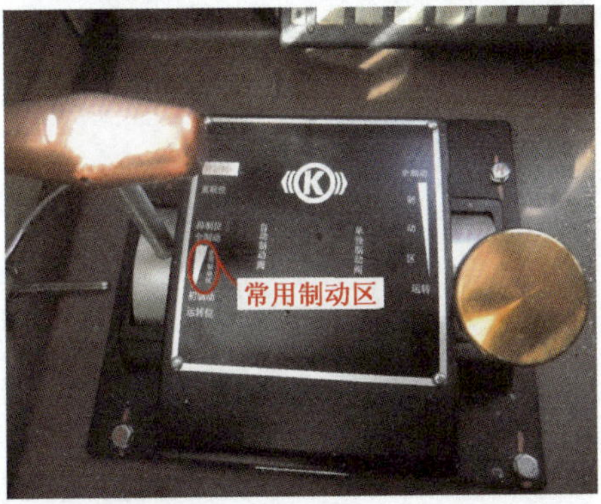
</td></tr>
<tr><td>2</td><td>按压柴油机控制面板(ECP)上的“柴油机停止”按钮(红色),柴油机停机</td></tr>
<tr><td colspan="2">
</td></tr>
</table>

续上表

步骤	处理过程
3	断开柴油机控制面板(ECP)上的“蓄电池充电及计算机断路器”(BCCB),等待三个显示屏完全关闭(左下角的绿灯熄灭)
	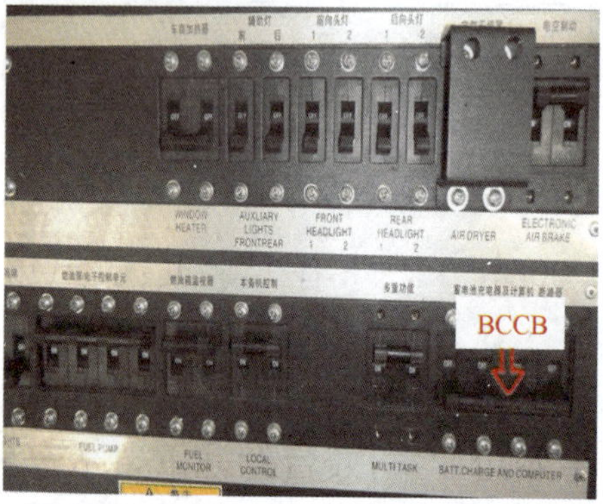
4	断开柴油机控制面板上的“多重功能断路器”(MTB)、“机车控制断路器”(LCCB)、“燃油泵断路器”(FPB)、“电空制动断路器”(ABCB)
	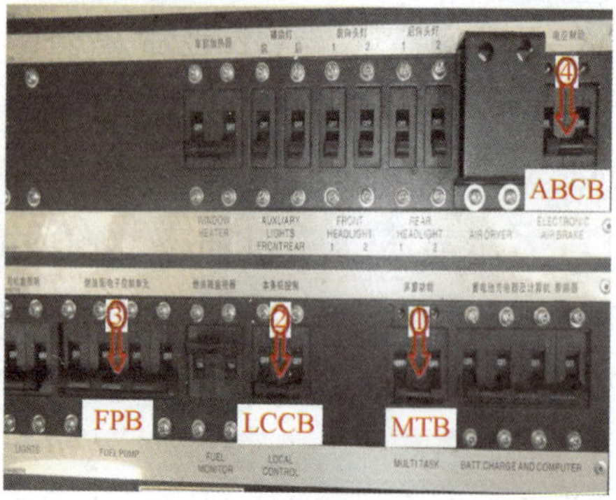

步骤	处理过程
5	断开蓄电池闸刀(BS),等待3 min(系统放电及冷却)后闭合蓄电池闸刀
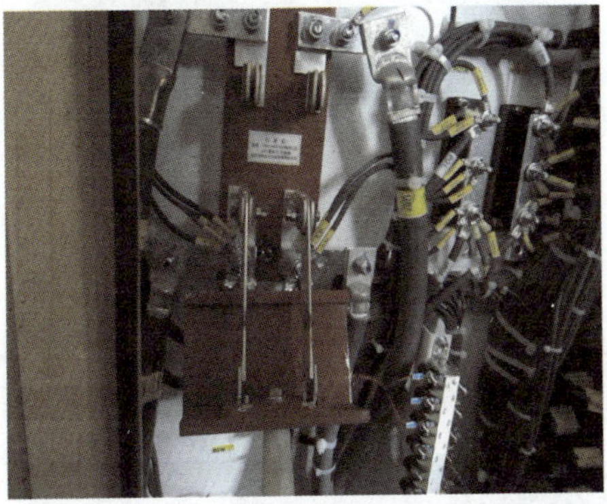	
6	先闭合“多重功能断路器”(MTB),然后依次闭合“燃油泵断路器”(FPB)、“机车控制断路器”(LCCB)、“蓄电池充电及计算机断路器”(BCCB),待三个显示屏正常启动后,闭合“电空制动断路器”(ABCB)
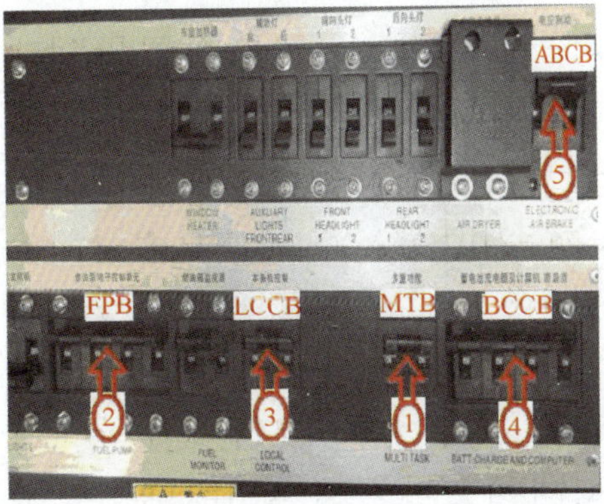	

步骤	处 理 过 程
7	观察显示屏“信息提示栏”无故障信息，然后启动柴油机完成机车“复位”

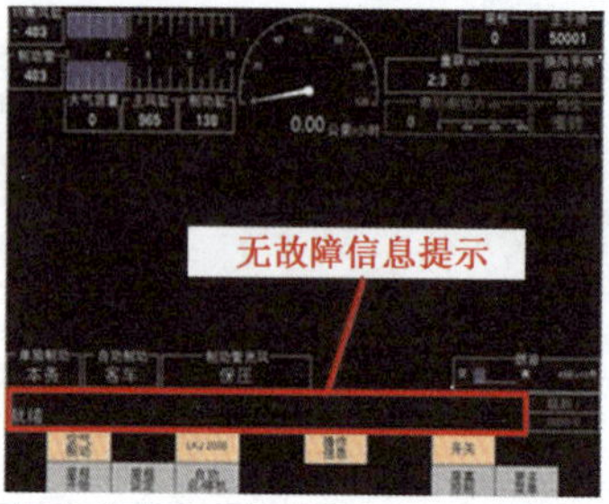

4　常用基本操作

4.1　备用制动操作

名称	备用制动的基本操作
步骤	处 理 过 程
1	机车处于停车状态下，断开电空制动断路器 AB CB

<table>
<tr><th>步骤</th><th>处 理 过 程</th></tr>
<tr><td>2</td><td>开放备用空气制动转换阀手柄(位于副操纵台前地板下部)</td></tr>
<tr><td colspan="2">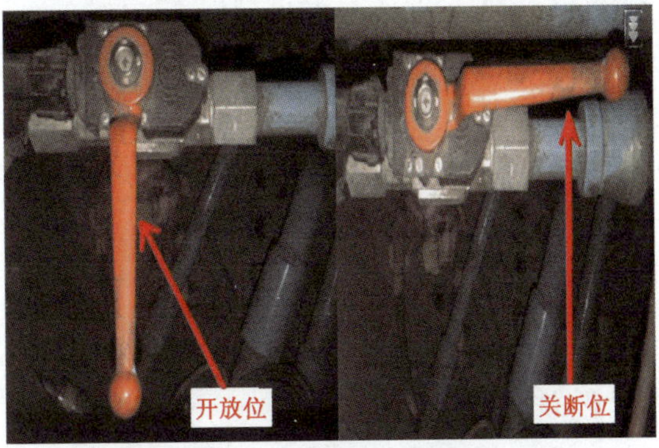
</td></tr>
<tr><td>3</td><td>断开制动缸均衡管与防尘堵的连接</td></tr>
<tr><td colspan="2">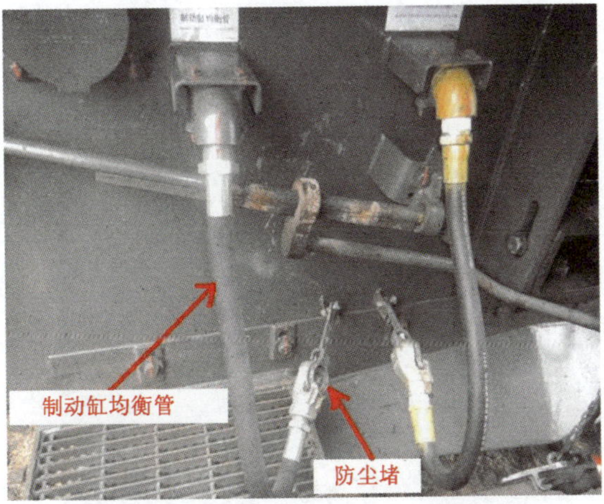
</td></tr>
</table>

续上表

步骤	处理过程
4	打开制动缸均衡管(BCE)末端的折角塞门,排风后恢复制动缸均衡管与防尘堵的连接。 注意:排风时防止人员靠近制动缸均衡管
	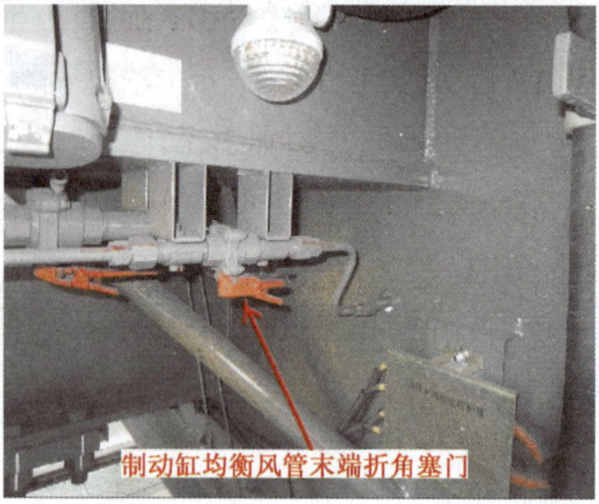
5	插入备用制动手柄至“充风位”,确认列车管(制动管)压力 500 kPa 或 600 kPa,制动缸压力能缓解到 0 kPa

续上表

步骤	处 理 过 程

6	制动管压力不符合规定时，如连接列车时首先关闭制动管塞门，备用制动手柄置"充风位"，然后旋动调压阀旋钮进行调压，顺时针方向旋动为增加压力，逆时针方向旋动为降低压力。调节完毕后再开放制动管塞门
	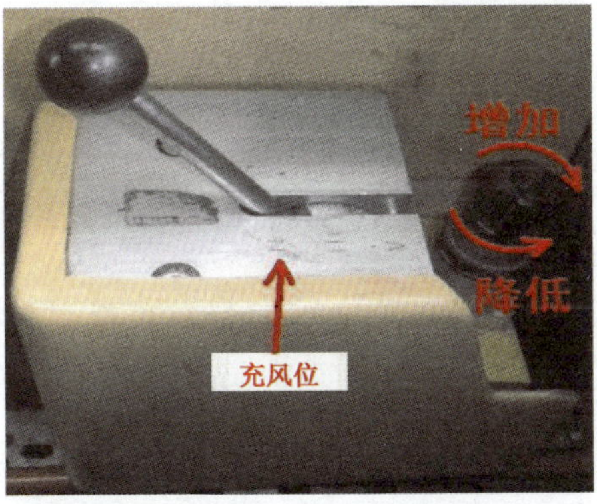

步骤	处 理 过 程
7	将备用制动手柄移至“制动区”，均衡风缸压力下降，制动管压力跟随下降，制动缸压力上升。 注意：减压量仅与手柄在制动区位置停留时间有关，与手柄移动行程无关，同时手柄在向制动区移动时，由于行程较短，移动过大易产生紧急制动
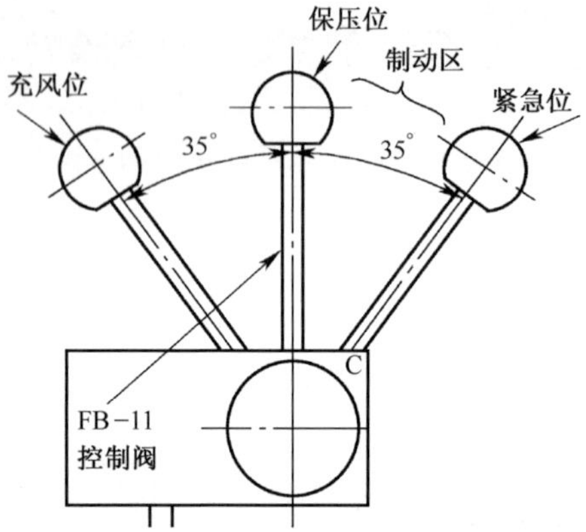 	
8	均衡风缸减至所需压力值后，将备用制动手柄移至“保压位”，确认制动管漏泄量

续上表

<table>
<tr><th>步骤</th><th>处 理 过 程</th></tr>
<tr><td>9</td><td>如需恢复电空制动时，应将备用制动手柄移至“紧急位”，关闭备用制动转换阀塞门和制动缸均衡管塞门，均衡风缸压力降至 0 后，手柄移至“保压位”取出，然后闭合电空制动断路器 ABCB，恢复电空制动</td></tr>
<tr><td colspan="2">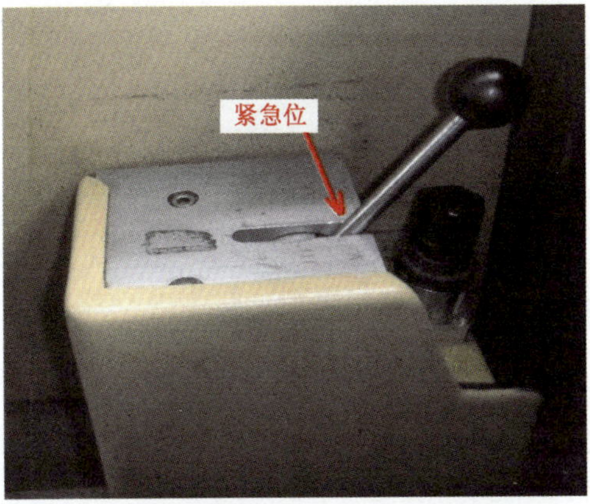
</td></tr>
<tr><td>10</td><td>如转换后备用制动转换阀出现漏风不止现象时，在司机室内可以清楚听见漏风的声音，将备用制动手柄由“保压位”移至“紧急位”，待漏风停止后将手柄移回“保压位”</td></tr>
</table>

4.2 切除故障牵引电机和速度传感器操作

名称	切除故障牵引电机和速度传感器基本操作
注意事项	1. 切除牵引电机传感器将自动切除相应的电机(牵引电机开关位置不会更改);手动切除牵引电机不会影响相应的速度传感器。 2. 只能在当前操纵端显示屏上进行操作
步骤	处 理 过 程
1	按压显示屏主界面上的【F7】键(开关)进入开关界面
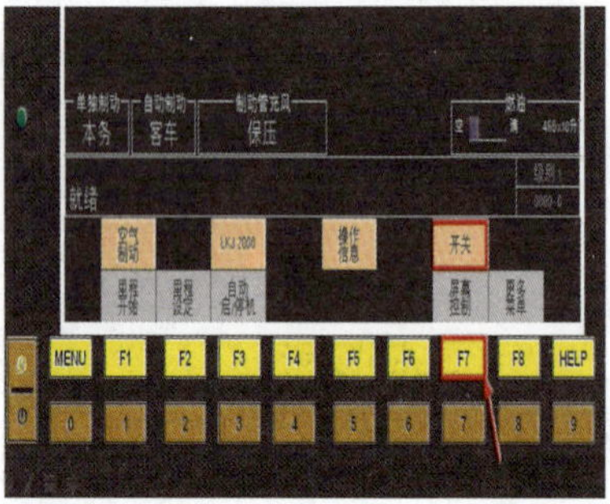	
2	按压按键【8】(电机切除)进入电机和速度传感器切除界面
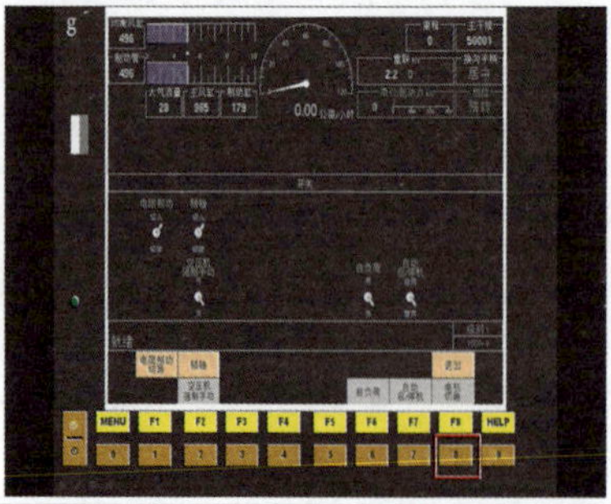	

步骤	处理过程
3	按压按键【1】到【6】切除相应的牵引电机；按压按键【F1】到【F6】切除相应的牵引电机速度传感器

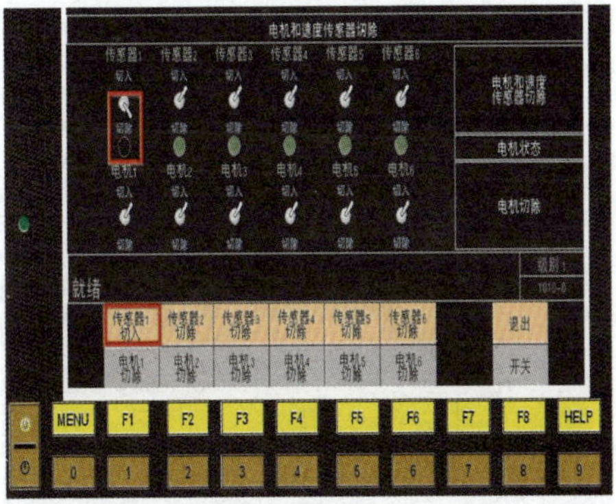

步骤	处理过程
4	按压【F8】键返回显示屏主界面

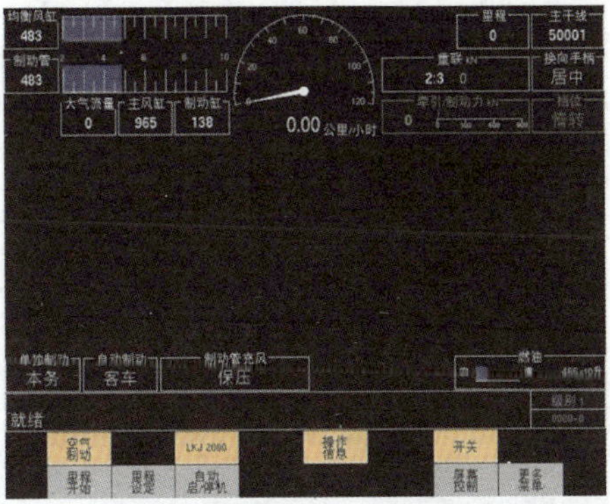

4.3 显示屏中英文界面转换操作

名称	显示屏中英文界面转换基本操作
注意事项	中文界面时乘务员禁止对显示屏进行中英文界面转换，以防不能恢复
步骤	处 理 过 程
在显示屏主界面按压【7】键（屏幕控制）进入下一菜单，按压【F4】键可进行中英文转换	

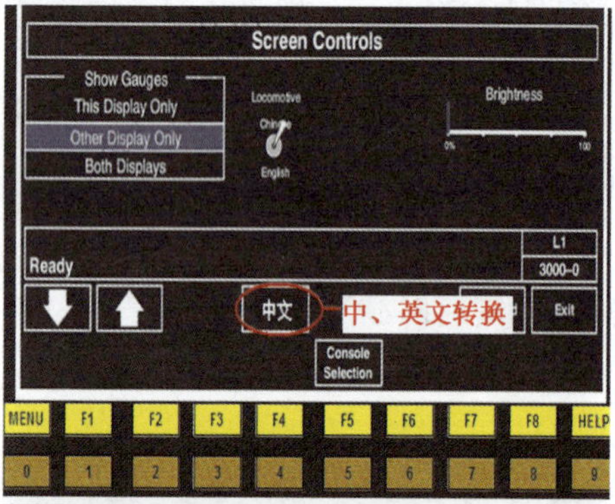

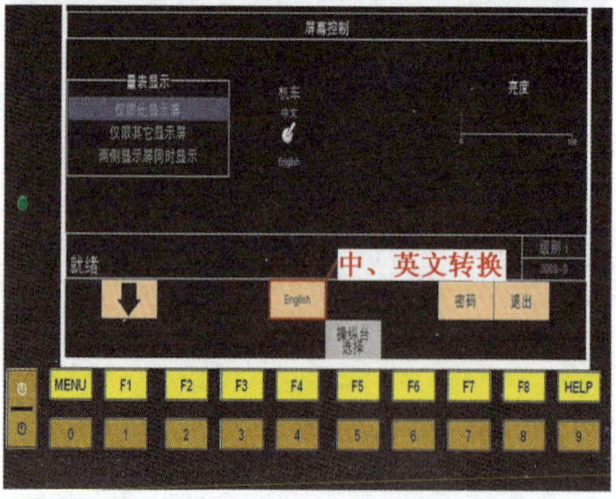

4.4 解除惩罚制动操作

名称	解除惩罚制动基本操作
步骤	处 理 过 程
屏幕出现“电空制动:惩罚制动”时,列车管减压100 kPa,排风结束后,不低于《机车操作规程》规定的缓解速度时,迅速将自阀手柄置“抑制位”1 s后,立即充风缓解	
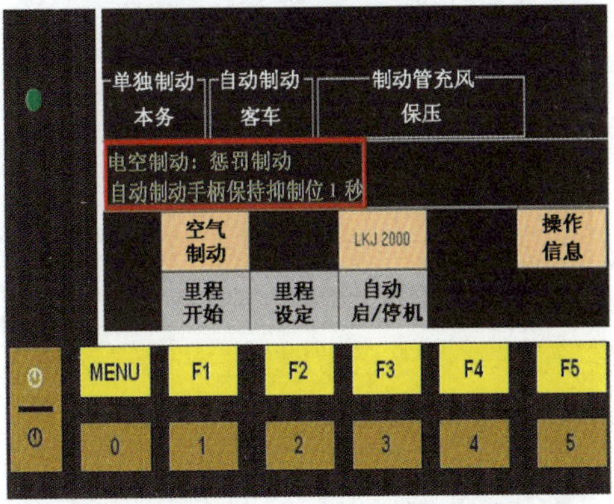	

5 机车无动力回送操作方法

名称	机车无动力回送操作方法
注意事项	1. 机车在停留状态,做好防溜措施; 2. 与本务机车连挂后,无动力回送机车按以下步骤进行操作

步骤	处 理 过 程
1	将主、副操纵台自动制动阀手柄置于“重联位”并插好定位销，单独制动阀手柄置于“运转位”

2	如空气制动功能正常时，将空气制动设置为“重联”、“切除”、“非保压”模式
	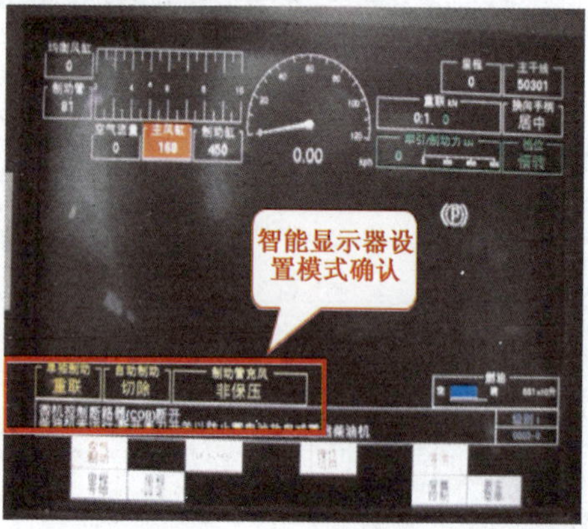

步骤	处理过程
3	如空气制动功能不正常时，断开柴油机控制面板(ECP)上的电空制动断路器(AB CB)
	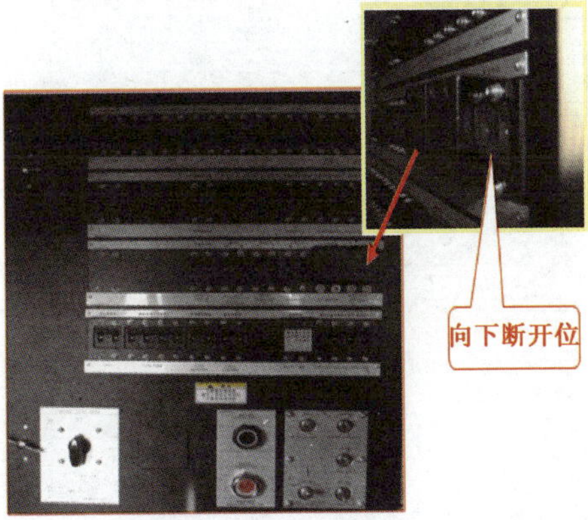
4	将司机室停放制动塞门置“制动状态”(塞门手柄水平位置)，下车手动缓解(左2、3，右4、5)停放制动

续上表

步骤	处 理 过 程
5	将前、后台车停放制动塞门置于“截断位”

6	打开机车右侧 AB1 控制区
	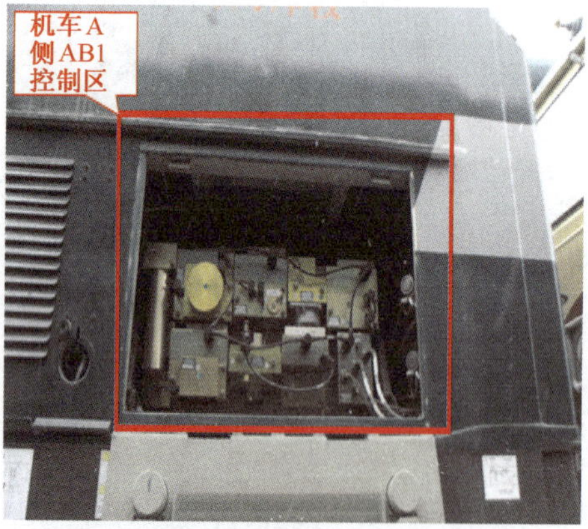

步骤	处 理 过 程
7	将 EPCU 模块中均衡风缸“ER”模块无火装置开关置于“无火回送位”
	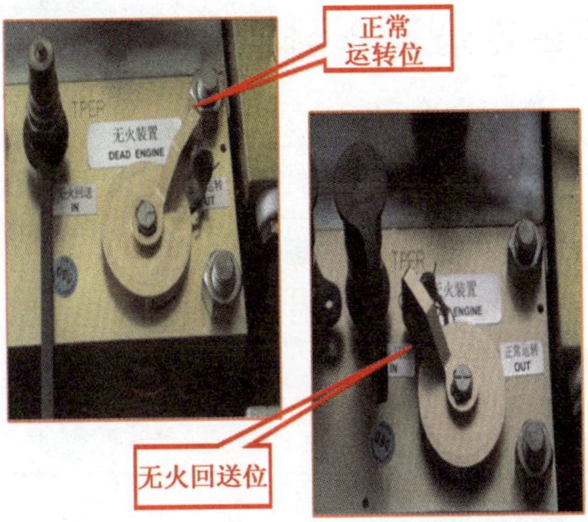
8	开放机车任意一侧制动缸均衡管塞门。该塞门位置在机车前后端两侧(共计 4 个)
	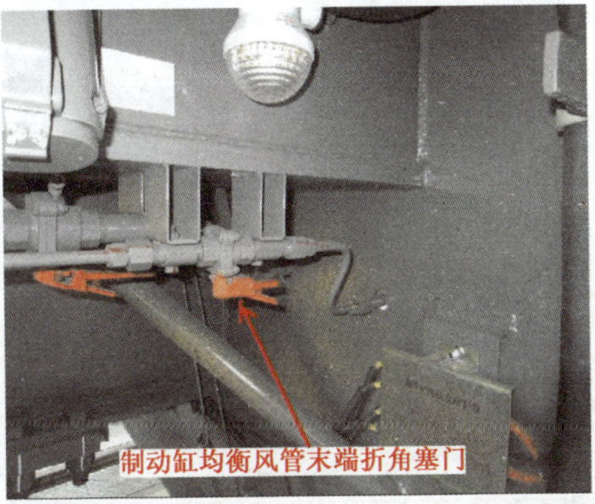
9	将总风缸压力排至 172 kPa 以下

第二部分　应急故障处理方法

1　应急故障处理基本流程

名称	应急故障处理基本流程
注意事项	1. 二级密码:40371878。 2. 应急故障处理时,对显示屏操作必须使用当前操纵端主显示屏
步骤	处 理 过 程
1	排除人为故障
2	故障查询
2.1	按压【7】键(屏幕控制)
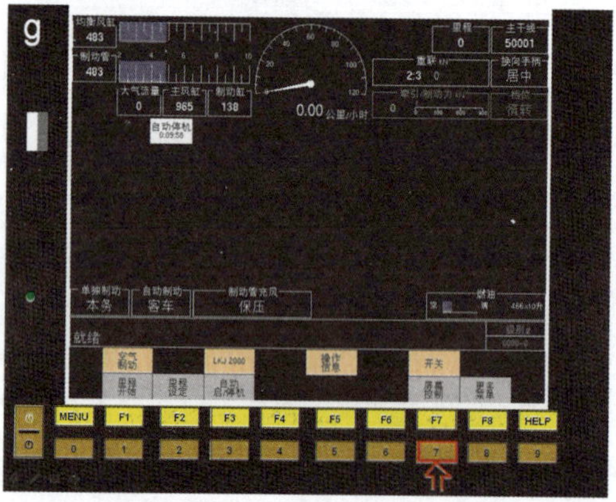	

步骤	处 理 过 程
2.2	按压【F7】键(密码)
	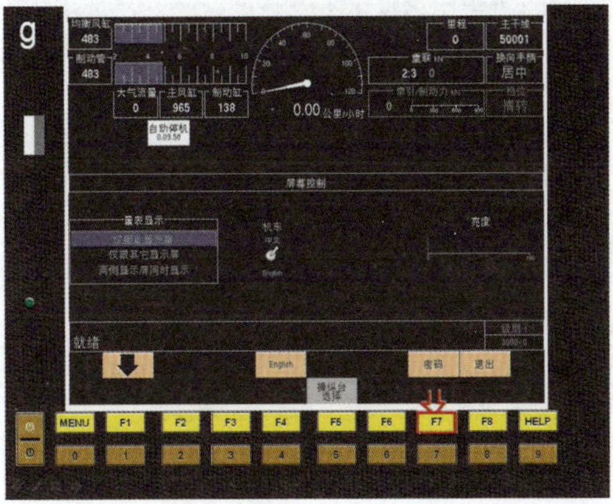
2.3	输入二级密码(40371878),按压【F7】键接受
	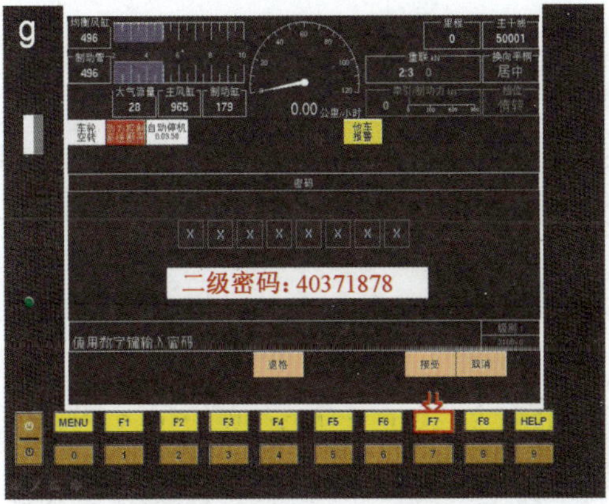

续上表

步骤	处 理 过 程
2.4	确认已登录二级界面,按压【F8】键返回主界面

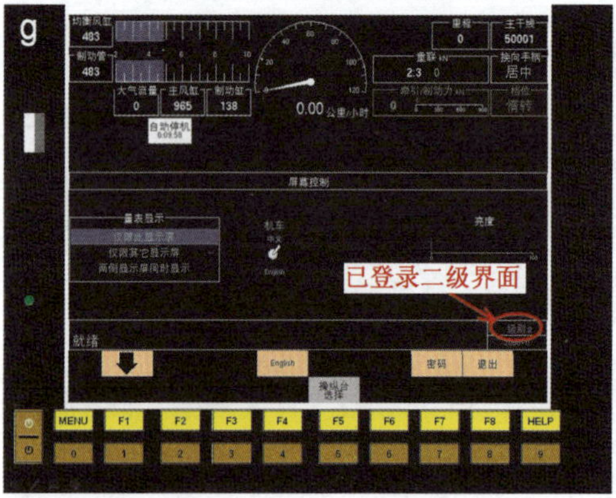

步骤	处 理 过 程
2.5	按压【F5】键(诊断功能)后按压【8】键进入事件日志菜单

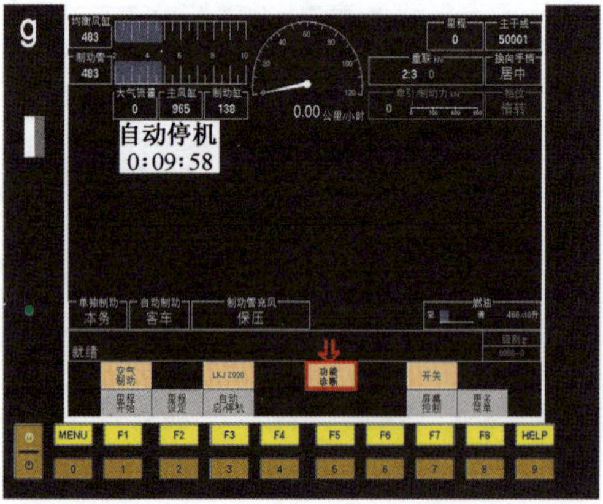

<table>
<tr><th>步骤</th><th>处 理 过 程</th></tr>
<tr><td>2.6</td><td>查询已发生的故障代码，按相应的故障处理方法进行排查</td></tr>
<tr><td colspan="2">
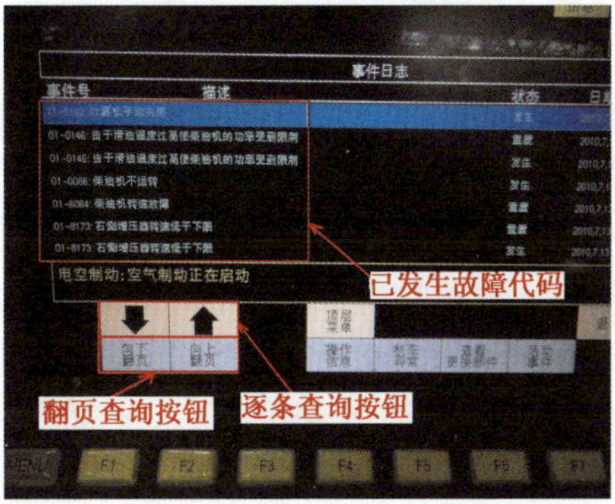

</td></tr>
</table>

2　应急故障处理方法

2.1　提手柄机车无法加载

<table>
<tr><td>名称</td><td>提手柄机车无法加载</td></tr>
<tr><td>现象</td><td>移动机车主手柄，机车无法加载</td></tr>
<tr><td rowspan="2">处置位置</td><td>司机室</td></tr>
<tr><td>
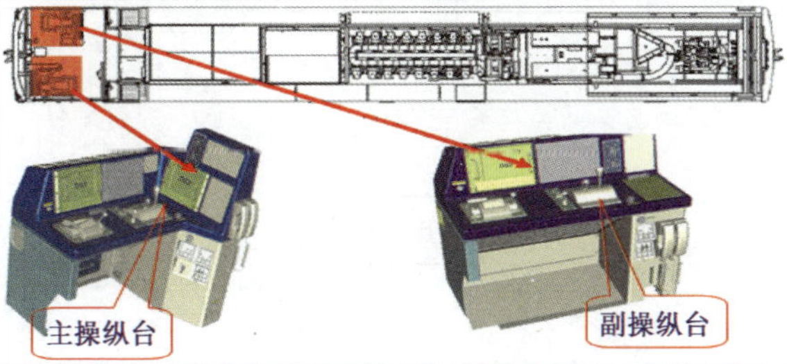

</td></tr>
</table>

注意事项	注意确认非操纵台手柄及断路器位置
步骤	处 理 过 程
1	确认机车换向手柄不在“居中位”、非操纵台自阀手柄在“重联位”
2	确认当前操纵台主发励磁断路器和电阻制动断路器闭合(主操纵台控制断路器闭合,非操纵台主发励磁断路器必须断开,否则牵引受限),柴油机控制开关置于“运行位”

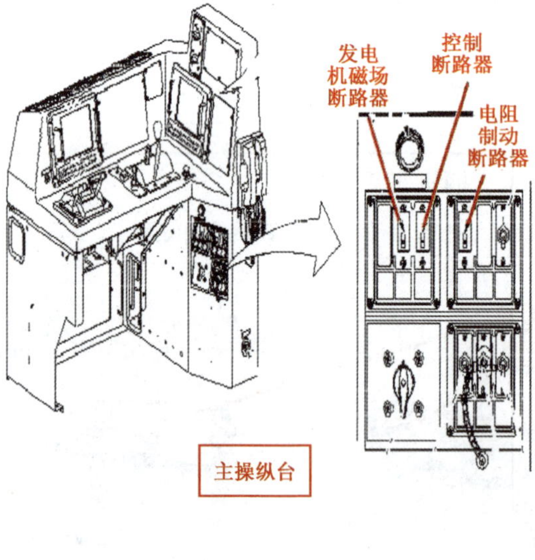

续上表

步骤	处 理 过 程
3	检查显示屏信息提示并进行处理。如显示屏无故障信息提示，进行“复位”操作，无效请求救援
	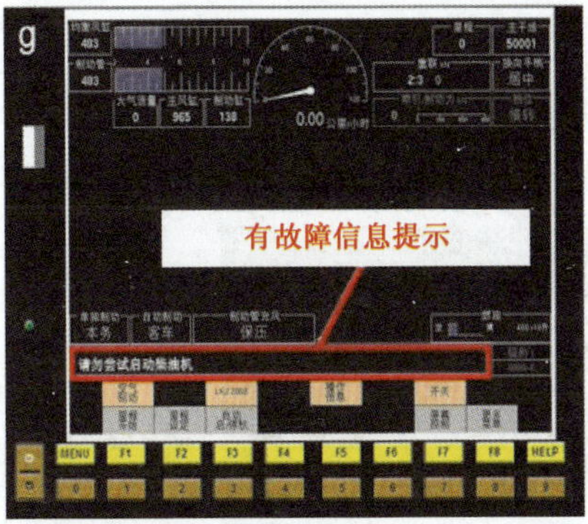

2.2　辅助发电机不发电

名称	辅助发电机不发电
现象	辅助发电机不发电，机车牵引受限
处置位置	CA2、CA4、CA9
	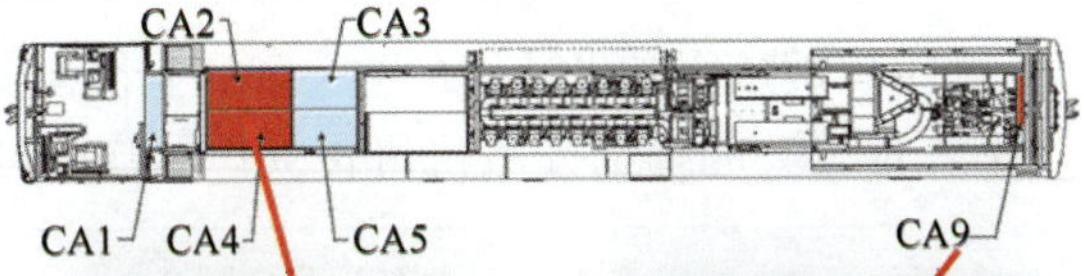

<table>
<tr><td>注意事项</td><td>处理空压机接触器前必须断开辅助发电机开关(开关界面中切除)</td></tr>
<tr><td>步骤</td><td>处 理 过 程</td></tr>
<tr><td>1</td><td>常用制动停车</td></tr>
<tr><td>2</td><td>断开排尘风机断路器(CA9 控制区内)</td></tr>
<tr><td colspan="2">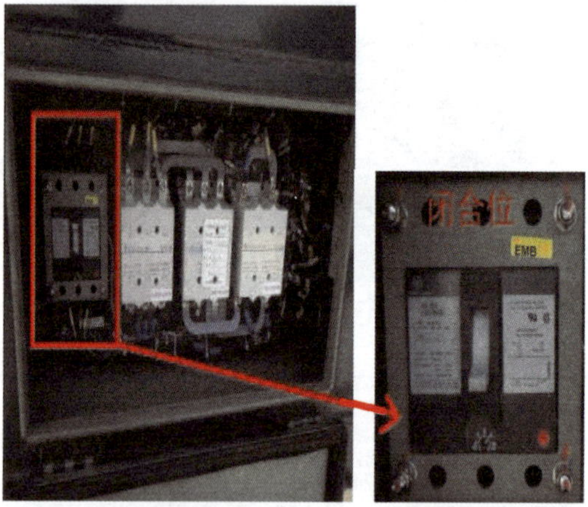
</td></tr>
<tr><td>3</td><td>按压按键【F5】在“操作信息”菜单下按压按键【F3】“全部重置”,如辅助发电机可正常启动,维持运行</td></tr>
<tr><td>4</td><td>若辅助发电机仍不发电,检查空压机接触器,对卡滞、粘连的处理后,按压按键【F5】在“操作信息”菜单下按压按键【F3】“全部重置”,如辅助发电机可正常启动,维持运行</td></tr>
</table>

步骤	处理过程
	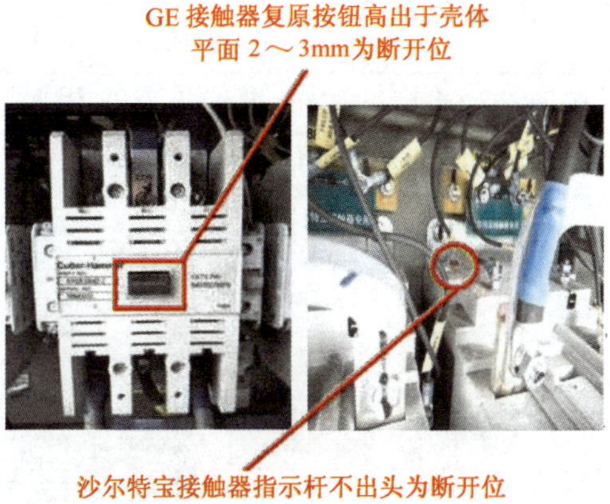
5	显示屏提示“高压保护手柄或门联锁关闭不严”时，捆绑、固定故障的控制门联锁，辅发正常启动后，维持运行

6	以上操作无效时，进行“复位”操作，无效请求救援

2.3 柴油机不能启动

名称	柴油机不能启动
现象	按压柴油机启动按钮,柴油机不能启动
处置位置	CA1、ECP 面板、操纵台上方
	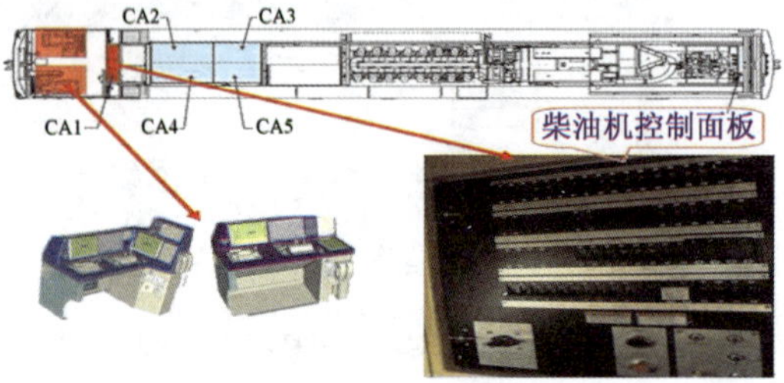
注意事项	显示屏显示“请勿尝试启动柴油机”时严禁启机
步骤	处 理 过 程
1	确认燃油泵断路器(FPB)位置
2	柴油机控制开关(ECP)置“启动位”
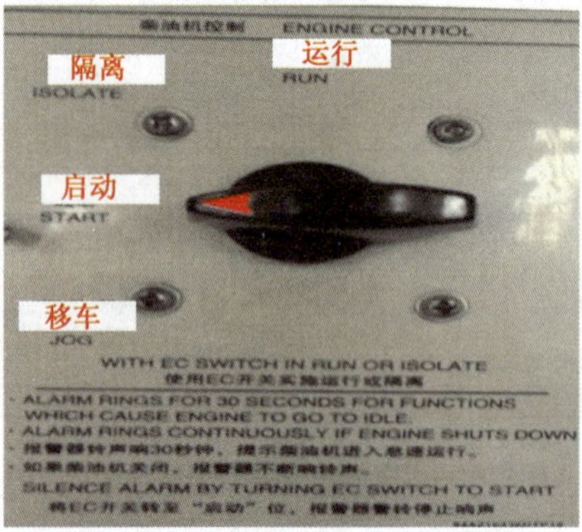	

步骤	处理过程
3	启动柴油机，如警铃不响检查“紧急重联停机”按钮位置后二次启机，二次不启可第三次尝试启机

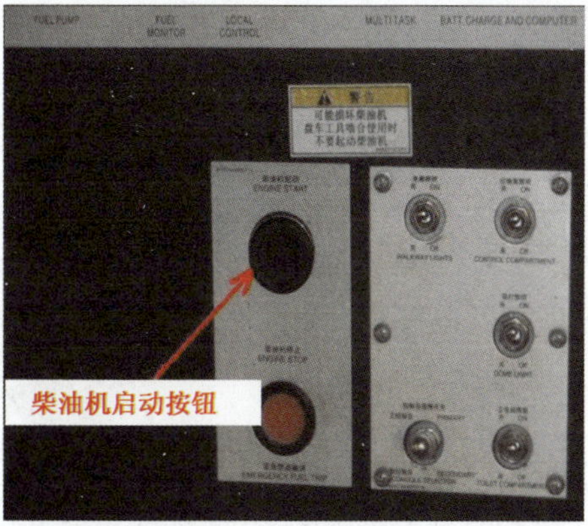

步骤	处理过程
4	如上述步骤仍然无法启动时，在显示屏上切除第 6 位电机速度传感器再次启动

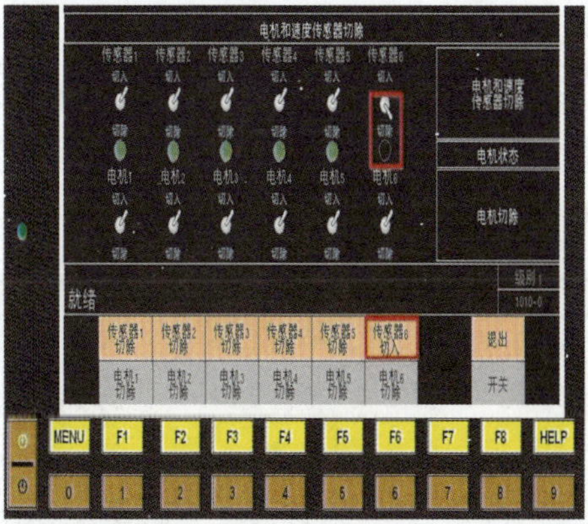

步骤	处理过程
5	进行“复位”操作，如仍无法启动柴油机，请求救援

2.4 锁轴报警

名称	锁轴报警
现象	显示屏提示“某轴锁轴报警”，机车牵引受限
处置位置	司机室、走行部 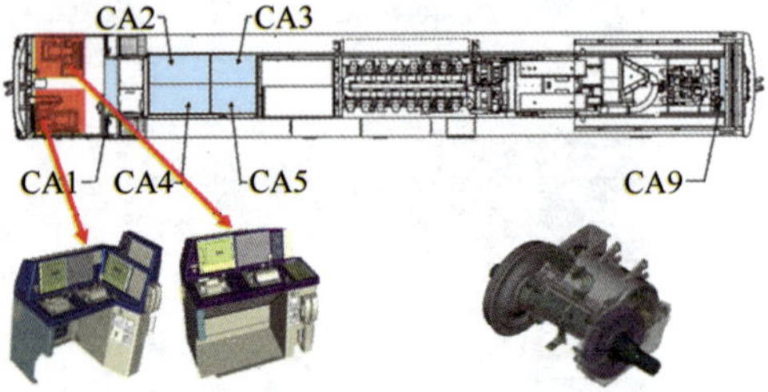
注意事项	动车检查轮对转动状态时注意人身及行车安全
步骤	处 理 过 程
1	常用制动停车
2	下车检查显示屏提示锁轴报警的车轴状态，牵引电机轴承、轴箱轴承温升情况（与相邻轴位的同一部位进行对比），轴承温升不大于 55 K
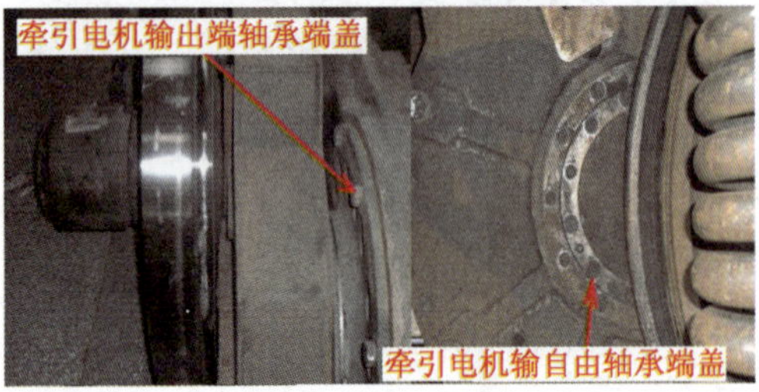	

续上表

<table>
<tr><th>步骤</th><th>处 理 过 程</th></tr>
<tr><td>3</td><td>切除锁轴位牵引电机速度传感器，在保证行车安全的情况下动车试验，观察该轴是否转动</td></tr>
<tr><td colspan="2">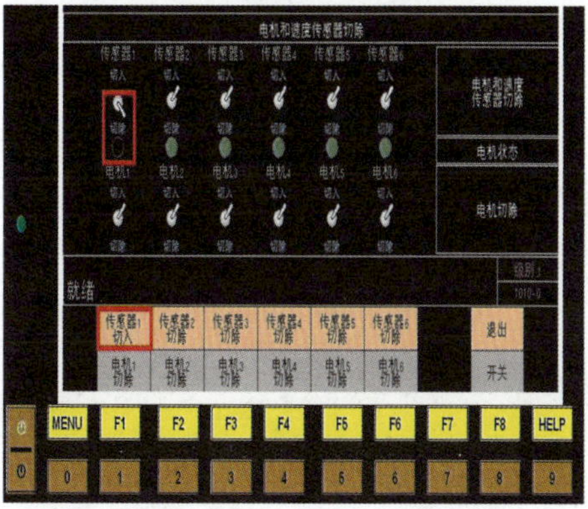
</td></tr>
<tr><td>4</td><td>如该轴仍可转动，保持切除速度传感器维持运行；否则，请求救援</td></tr>
</table>

2.5 非正常惩罚制动

<table>
<tr><th>名称</th><th>非正常惩罚制动</th></tr>
<tr><td>现象</td><td>显示屏空气制动参数显示“＊ ＊ ＊”，左上方显示“动力系统断开”</td></tr>
<tr><td rowspan="2">处置位置</td><td>司机室、机车前端</td></tr>
<tr><td>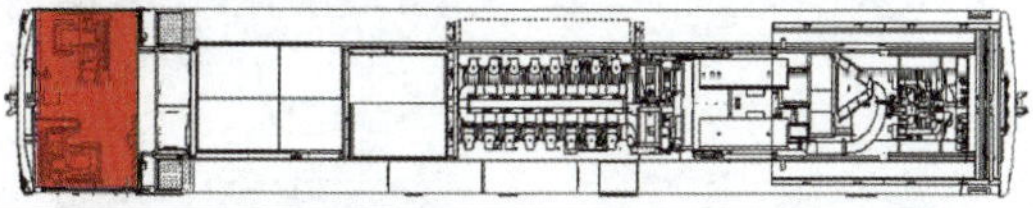</td></tr>
<tr><td>注意事项</td><td>转换备用制动时防止列车遛逸</td></tr>
</table>

续上表

步骤	处 理 过 程
1	有备用制动机车立即使用备用制动机

2	无备用制动机车进行“复位”操作，无效请求救援

2.6 空压机不工作

名称	空压机不工作
现象	总风缸压力低于下限(724 kPa)，空压机不打风
处置位置	CA9、散热器间
	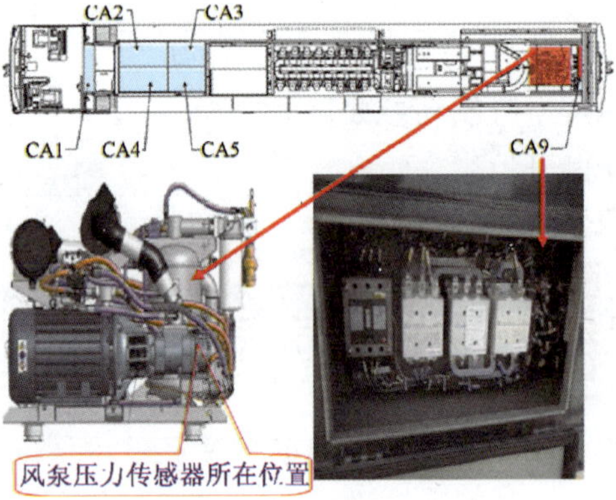

续上表

注意事项	1. 处理空压机接触器及传感器时注意人身安全； 2. 注意确认好空压机压力传感器位置，防止误操作
步骤	处 理 过 程
1	常用制动停车
2	辅助发电机不发电时，按“辅助不发电”方法处理
3	辅助发电机正常工作时，将两个空压机压力传感器插头拔掉再插上

4	进行“复位”操作，无效请求救援

2.7 紧急放风阀(8号阀)漏风

名称	紧急放风阀(8号阀)漏风
现象	制动管压力为零，产生紧急制动，紧急放风阀(8号阀)排风口排风不止，同时制动管压力不上升

处置位置	机车A侧紧急放风阀(8号阀)2个 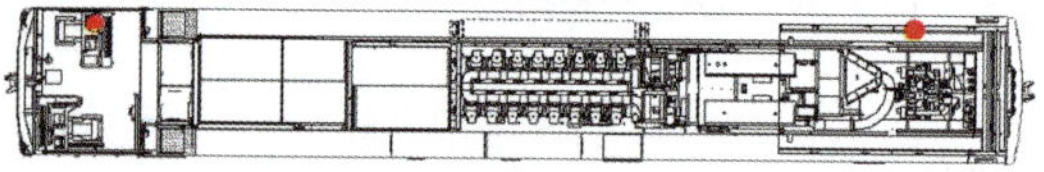
注意事项	将自阀手柄移至“制动区”
步骤	处 理 过 程
使用34号开口扳手卸下紧急放风阀排风口用丝堵或木塞堵住	
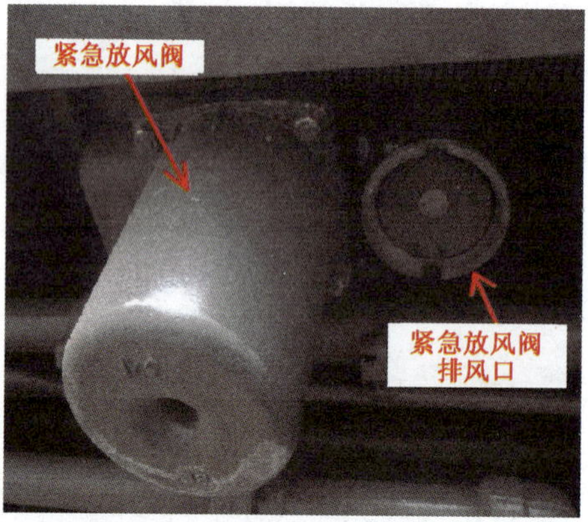 	

2.8 总风缸压力低

名称	总风缸压力低
现象	空压机泵风不止,总风缸压力低于下限(724 kPa)
处置位置	机车A侧总风缸排水阀、机车A侧总风缸安全阀、散热器间排放阀电磁阀(CA9背面)

处置位置	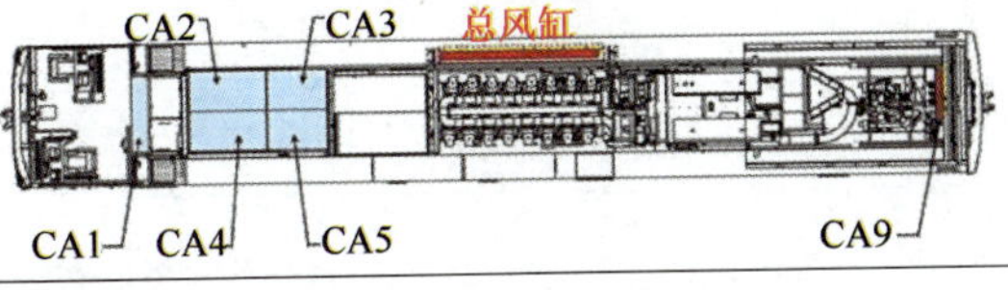
注意事项	注意列车防止遛逸
步骤	处 理 过 程
1	常用制动停车
2	总风缸自动排水阀排风不止时，顺时针扭动排水阀手轮，从“自动”位至“手动”位，强制总风缸自动排水阀停止排风

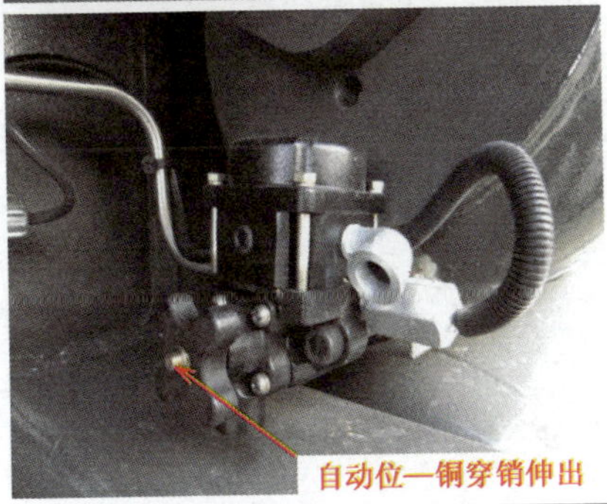

续上表

步骤	处 理 过 程
3	总风缸安全阀排风不止

3.1	轻敲总风缸安全阀
3.2	冬季用热水浇安全阀

<table>
<tr><th>步骤</th><th>处理过程</th></tr>
<tr><td>4</td><td>空压机水气分离器排水阀排风不止(0001～0300号机车)</td></tr>
<tr><td colspan="2">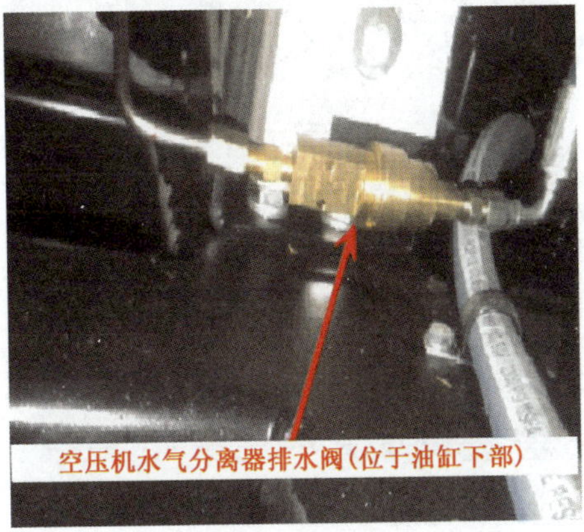
</td></tr>
<tr><td>4.1</td><td>反复扭动水气分离器排水阀电磁阀上部试验杆至“试验位”</td></tr>
<tr><td colspan="2">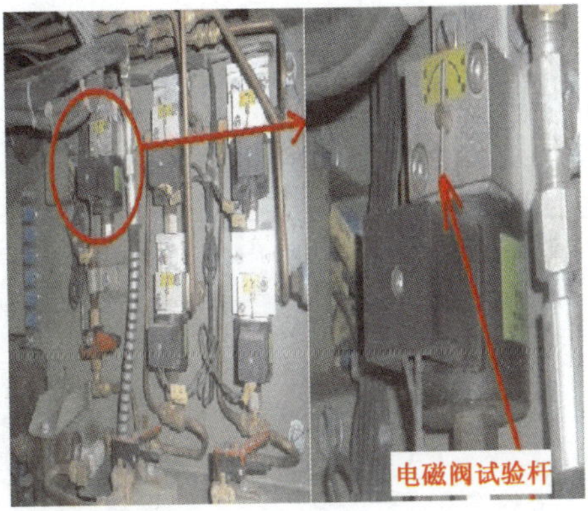
</td></tr>
</table>

续上表

步骤	处理过程
4.2	开关电磁阀总风塞门多次
	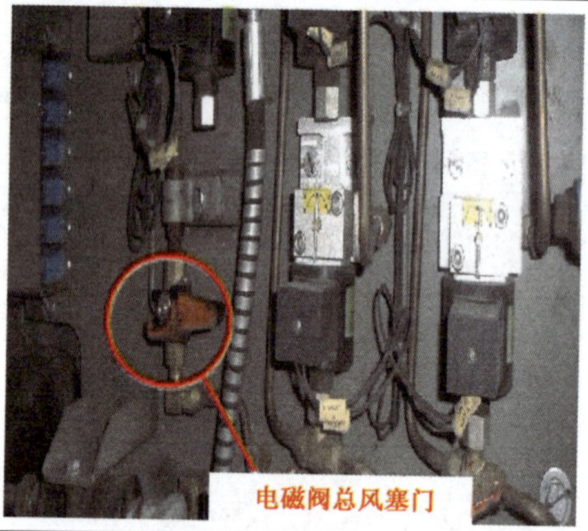
5	上述操作无效时请求救援

2.9 显示屏黑屏、花屏

名称	显示屏黑屏、花屏
现象	显示屏出现黑屏、显示混乱或文字不可见故障
处置位置	ECP 背面
	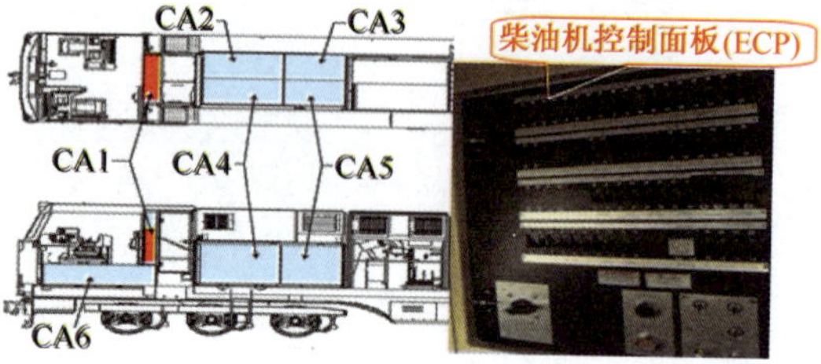

注意事项	1.第三显示屏切除时无法启机。 2.机车运行中不能同时切除两台智能显示屏
步骤	处 理 过 程
1	如不影响牵引,维持运行
2	如有影响,断开 EC 面板后面对应的显示屏断路器,维持运行
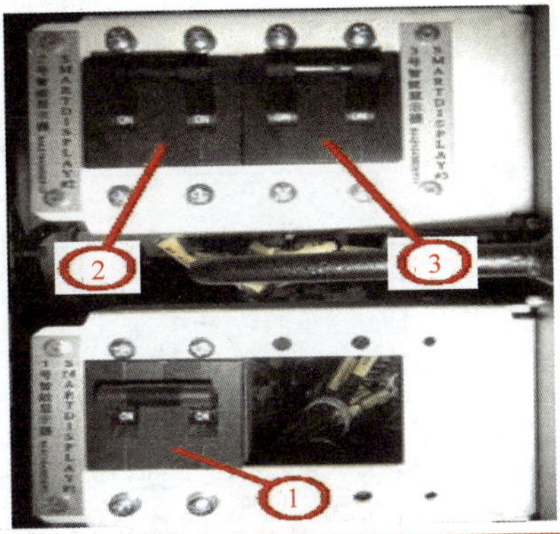 智能显示器断路器位置	
3	进行“复位”操作,无效请求救援

第三部分　附 件 部 分

1　总体布置图

见书末插页。

2　润滑油系统原理图

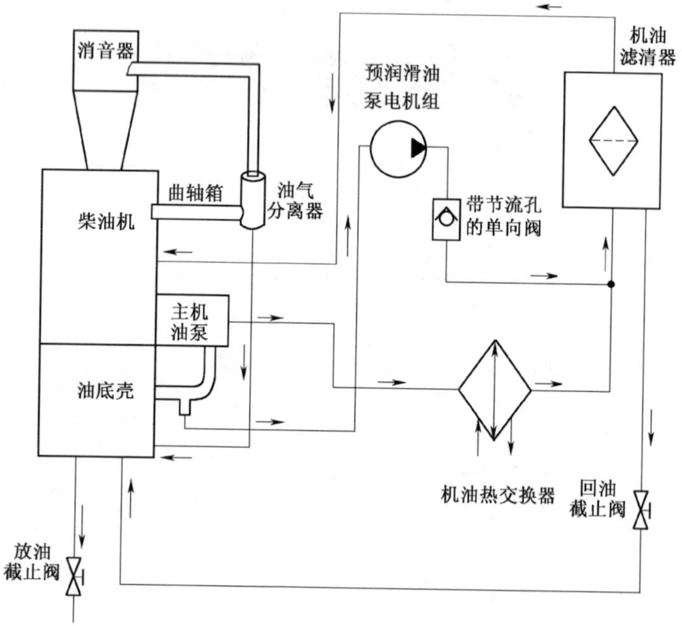

3 柴油机冷却水系统原理图

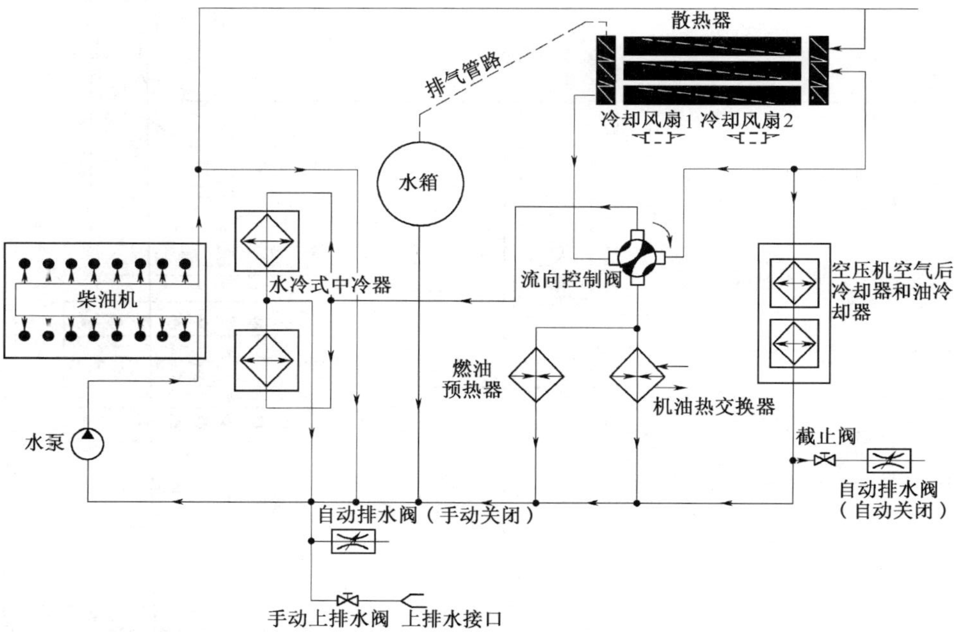

4 燃油系统原理图

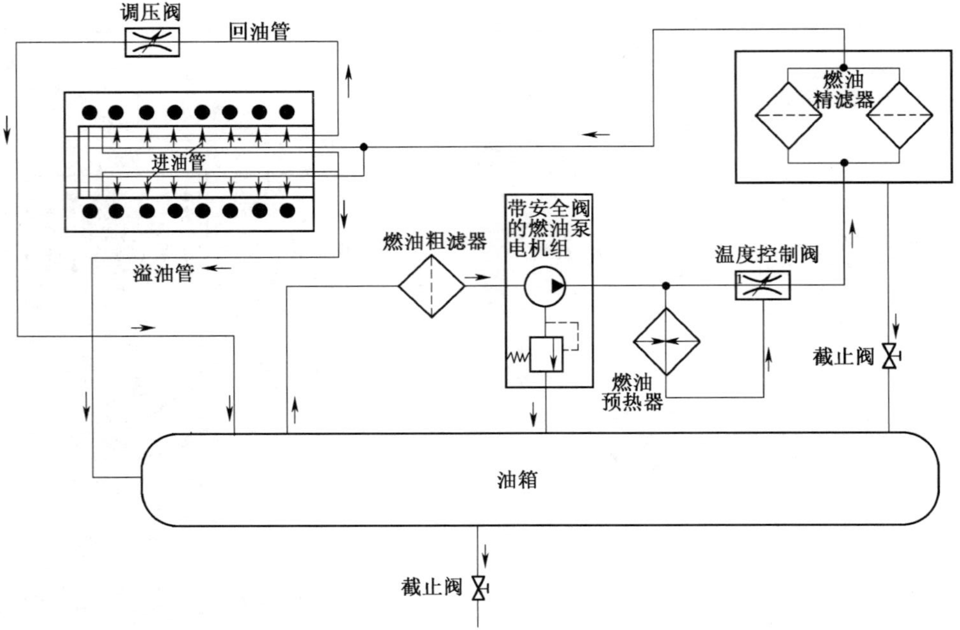
调压阀
回油管
进油管
溢油管
燃油精滤器
燃油粗滤器
带安全阀的燃油泵电机组
温度控制阀
燃油预热器
截止阀
油箱
截止阀

5　空气制动系统管路原理图

见书末插页。

6　缩 写 表

设备代号	设备名称
AAC	辅助发电机励磁控制器
AAP	无线电报警面板
ABCB	电空制动电路断路器
ACHU1	司机室加热器
ACOR	空调断电继电器
ACT1～ACT3	辅助交流发电机相电流变压器
ADCB	空气干燥器断路器
ALFB	辅助灯后断路器(2P 15 A)
ALR	警报继电器
ALRB	辅助灯后断路器(2P 15 A)
ARC1～ARC4	头灯开关抑制器 1～4
ATP01、ATP02	LKJ 警惕按钮 1、2
AVCB	音频盒开关

续上表

设备代号	设备名称
BATT	机车蓄电池
BBCO	备用制动继电器
BBCS	备用制动控制继电器
BCC	蓄电池充电控制器
BCCB	蓄电池充电器和微机断路器
BELL	警铃和信号铃
BJ＋	蓄电池正端接触器
BJ－	蓄电池负端接触器
BLR	响铃继电器
BS	蓄电池闸刀开关
C11、12、21、22	IGBT 直流连接电容
C5R	5 号逆变器启机继电器
C61、62	IGBT 直流连接电容
C6R	6 号逆变器启机继电器
CCL1～8	滤波电容放电指示
CCLS	控制间灯开关
CCRS1、2	警报复位开关
CCSB	JTC 信号断路器(2P 6A)
CDR1	滤波电容放电电阻装配

续上表

设备代号	设备名称
CERB	LKJ2000 断路器(2p 5A)
CFCB	司机室风扇断路器(2P 15A)
CHB	加热器断路器(2P 200A)
CHS	司机室加热器开关
CIO	I/O 板
CIR	司机室无线电
CM1～6A	交流电流互感器
CM1～6B	交流电流互感器
CMU	通信控制单元
CMUR	通信控制单元继电器
CMUS	通信控制单元开关
COB	控制开关断路器(1P 30 A)
COS	备份制动阀
CPF	控制电源滤波
CRBL	曲柄警铃
CSS	操纵台选择开关
CSUR	柴油机自动启停继电器
CTP	操纵台温度传感器

续上表

设备代号	设备名称
CTS	柴油机启动转换开关
CWLS	过道灯开关
D1～3CB	智能显示屏 1～3 断路器(2P 6 A)
DACB	数模转换盒断路器(2P 2 A)
DAS	诊断存储开关
DB1～3A＋	电阻制动连接器
DBCB1、2	电阻制动控制断路器 1、2(1P 2 A)
DBM	电阻制动调制解调器
DLS1、2	司机室电源输出
DOL	头灯固定装置
DOLS	头灯开关
DS	LKJ 显示屏开关
DS1～3	智能显示屏
DTB	数模转换盒
DVMV	排污电磁阀
EAD	空气干燥器
EBV1、2	电制动阀 1、2
EC	柴油机控制开关
ECU	柴油机控制单元

续上表

设备代号	设备名称
ECUGN	柴油机控制单元接地模块
EDL	司机操纵台灯
EDLR	司机操纵台灯调节电阻
EDLS	司机操纵台灯开关
EH	司机室加热装置
EHB	司机室加热装置断路器(2P 20 A)
EHR	加热控制继电器
EHS	司机室加热装置开关
EHST1、2	送受话器、司机麦克风(手动复位)
EMB	排风机电机断路器
EMV	应急电磁阀
EOLS	司机室命令灯开关
EPC	电空制动控制
ER	事件记录仪
ESP	扬声器
ESP1、2	柴油机停机开关 1、2
ESS1、2	MU 切除开关 1、2
EST	柴油机启机开关
ESTB	柴油机速度转换盒

续上表

设备代号	设备名称
ESW	以太网开关
ETS	司机室加热器温度开关
FAS	前照辅助灯开关
FCOLS	柴油机停机开关
FCORS	柴油机停机开关
FDCR1、2	滤波电容放电继电器 1、2
FFR	辅助电机磁场继电器
FHB1、2	前罩灯开关断路器(1P 15 A)
FHS	前罩灯开关
FPB	燃油泵电机断路器(4P 45 A 10 A)
FPC	燃油泵电机接触器
FPM	燃油泵电机
FPR	燃油泵继电器
FSCV1.2	前进撒砂控制阀 1、2
FSMV1.2	流量选择电磁阀 1、2
FTB	燃油箱监视电路断路器(2P 5 A)
FTM	燃油监控单元
FV	紧急制动阀
FWHL	传呼加热器灯

续上表

设备代号	设备名称
FWHS	挡风玻璃加热开关
FWO	食物加热炉
FWOB	食物加热炉断路器(2P 20 A)
FWOR	食物加热炉插座
GFB1、2	主发励磁电路断路器 1、2(1P 15 A)
GLS1、2	仪表灯开关 1、2
GMM	接地检测单元
GMV1～4	BC、BP、ER、EM—切除电磁阀
GPS	全球定位系统
GSS	柴油机启机时序接触器
HB	喇叭按钮
HBH	副台喇叭按钮
HCTS	加热/空调测试开关
HHB	副台加热断路器(2P 20 A)
HHR	副台加热控制继电器
HHS	副台加热控制开关
HHST1、2	送受话器、麦克风手复位
HL1、2	操纵台灯
HMV1、2	喇叭电磁阀(低音、高音)

续上表

设备代号	设备名称
HOL	副台指令灯
HOLS	副台顺序灯开关
HPR	DC 74 V 插座
HTS	副台加热器温度开关
ICM	通信设备
ICMB	通信设备断路器
IPM	集成处理器模块
JTC	机车信号主机
LCB	司机室灯断路器(2P 30 A)
LCCB	本机控制断路器(2P 30 A)
LKD1、2	LKJ2000 记录显示屏 1、2
LKDB1、2	LKJ2000 记录显示电路断路器 1、2
LKGC	LKJ 全球定位系统控制盒
LKGCB	LKJ 全球定位系统控制盒断路器
LKGP	LKJ2000
LKJC	LKJ2000 记录主机
LKJP1	BC 压力传感器 TQG14E1 LKJ
LKJP2	BP 压力传感器 TQG14E1 LKJ
LKJP3	LKJ 压力传感器—ER

续上表

设备代号	设备名称
LKJT	协议转换盒
LKS2	LKJ 轴速度传感器—轴 2
LKS5	LKJ 轴速度传感器—轴 5
LKV1、2	LKJ 语音箱 1、2
LOFL	滑油滤清器灯
LPS	逻辑供电电源
LS	曲轴/蓄电池充电电抗器
LSS1、2	撒砂开关 1、2
MBD	维修蓄电池开关
MCR	多频段集成设备
MF10	蓄电池充电熔断器
MGLL	中间左接地灯
MGLR	中间右接地灯
MLLF	左前信号指示灯
MLLR	左后信号指示灯
MLRF	右前信号指示灯
MLRR	右后信号指示灯
MREP	MR 均衡管压力开关
MTB	多功能电路断路器(2P 25 A)

续上表

设备代号	设备名称
MUF	短罩 MU 插座
MUR	长罩 MU 插座
PBAL	停车制动指示灯
PBPS1、2	停车制动 PR 按钮
PCR	电源控制继电器
PLC	滑油泵电机接触器
PLCB	滑油泵电机断路器
PTP	协议转换板
PTR	打印机
PTU	便携式测试单元插座
RAS	后辅助灯开关
RCB	机车电台主机断路器(2P 5 A)
RCBL	备份启动警铃
RFC1、2	冷却风扇电机控制器 1、2
RHB1、2	前罩灯断路器(1P 15 A)
RHS	前罩灯开关
RJBF	前接线盒
RJBR	后接线盒
RPS	广播供电电源(15V)

续上表

设备代号	设备名称
RSCV1、2	后退撒砂控制阀 1、2
RWHS	挡风玻璃加热开关
SASS	柴油机自动启动停止按钮
SER	紧急撒砂继电器
SI	双针速度表(不带里程计)
SIO	双针速度表(带里程计)
SMV1、2	百叶窗电磁阀 1、2
SP1	整流吸收装置
SSW1、2	撒砂按钮开关 1、2
TAC	主发电机控制器
TAGR	机车标签
TAL	TAL93 通信连接盒
TAP	主发保护装置
TAX2	TAX2
TAX2B	TAX2 电路断路器(2P 6 A)
TBC	牵引电机通风机控制器
TBCB	对讲机断路器
TCLS	厕所灯开关
TCMP	热电偶补偿

续上表

设备代号	设备名称
TMC	牵引电机控制器
TPCB	TPJ 断路器
TRP	重联电阻板
TSC	TSC1 主机
TSCB	TSC1 电路断路器
VAM10～14	电压调整模块 1～5
VL1	无线电柜头灯
WCB	冰箱断路器(2P 15 A)
WFL	水箱满指示灯
WHB	挡风玻璃加热器断路器(2P 15 A)